新中国超级工程·举世瞩目的尖端科技

强盛国力的标志性符号

尽显新中国的时代风采

新中国超级工程

举世瞩目的尖端科技

《新中国超级工程》编委会 编

研究出版社

图书在版编目（CIP）数据

举世瞩目的尖端科技 / 《新中国超级工程》编委会编.
— 北京：研究出版社，2013.7（2021.8重印）
（新中国超级工程）
ISBN 978-7-80168-826-2
Ⅰ. ①举…
Ⅱ. ①新…
Ⅲ. ①科技发展—科技成果—中国
Ⅳ. ①N12
中国版本图书馆CIP数据核字（2013）第158149号

责任编辑：曾　立　　　责任校对：张　璐

出版发行：研究出版社
地 址：北京1723信箱（100017）
电 话：010-64042001
网址：www.yjcbs.com　E-mail：yjcbsfxb@126.com
经　　销：新华书店
印　　刷：北京一鑫印务有限公司
版　　次：2013年9月第1版　2021年8月第2次印刷
规　　格：710毫米×990毫米　1/16
印　　张：14
字　　数：190千字
书　　号：ISBN 978-7-80168-826-2
定　　价：38.00 元

前言

FOREWORD

在社会发展的不同时期，都会产生代表性的伟大工程，比如长城、都江堰、京杭大运河，这些工程都是时代的产物，在当时发挥了举足轻重的作用，对后世也往往有着深远的影响，成了那个时代的标志性符号。

今天的中国，正处在有史以来最大规模的建设时代，随着经济和社会的飞速发展，加之自然和历史的多重原因，产生了许多亟待解决的重大问题，如民生、环境、能源、发展等等。这些问题必须借助一些超常规的工程，才能得以改善和解决，而强盛的国力和日益发展的科技水平，最终让这些超级工程得以实施。

这些超级工程与时代紧密相连，反映着时代的国情与现状，代表着当时的科技和经济水平，通过了解这些超级工程，可以了解国家的发展历程，可以知道国家的基本行为，国家曾经做过什么，正在做着什么，即将要做什么。《新中国超级工程》即从尖端科技、文化振兴、国际合作、世界第一、中国奇迹五个方面选取典型，高度聚焦，深入解读，集中展现了新中国超级工程的磅礴能量，展示新中国的活力和创造力。

作为国家的一分子，每个人都有必要了解国家行为，对整个国家、社会乃至世界有所了解和认识，拥有开阔的视野和眼界，才能更好地准确定位自己，把握机遇。本丛书在科技、交通、能源、水利、建筑、工业、教育、文化等各个领域，选取新中国最具代表性的工程，这些工程或具有国家战略意义，关乎国计民生，或在体量规模上空前超大，或在科技水准和建造水平上走在世界前列，集中展示了新中国在各方面的突出行为和成就。

科学技术是第一生产力。放眼古今中外，人类社会的每一项进步，都伴随着科学技术的进步。尤其是现代科技的发展突飞猛进，有力地推动了经济和社会的发展。本书——《举世瞩目的尖端科技》在计算机技术、核能利用、航空航天、生物技术、精密仪器、信息技术等方面，精选了新中国二十项最具有代表性的科技成果，深入解读，带领读者了解我国在尖端科技方面所取得的举世瞩目的成就。

“风声雨声读书声，声声入耳；家事国事天下事，事事关心。”中国人民自古就有心系天下，忧国忧民的传统。处在竞争如此激烈的现代社会，我们更有必要了解国家行为，知道祖国和世界每天都在发生着什么。这不仅仅是关心国家，更关乎我们的视野，我们的生存和机遇。相信读者通过书中的一个个超级工程，可以了解新中国的过去、现在和未来，从中得到一些见识、感悟和启示，获得一些希望、勇气和力量。

目 录

CONTENTS

银河巨型计算机

真正超高速巨型计算机…… 1

攀登攻关不畏难 …… 1

填补国内巨型机空白 …… 2

计算机领军人物…… 4

要有中国自己的计算机事业 …… 5

实现零的突破 …… 6

巨型计算机之路…… 7

一代机到四代机 …… 7

向量处理器 …… 8

从“银河”到“天河” …… 10

引起国内外“地震”的两弹

原子弹到氢弹的飞跃…… 12

初期困难重重 …… 12

中国第一颗原子弹试爆成功 …… 13

首颗氢弹爆炸成功 …… 14

"两弹"元勋邓稼先…………………………………………………… 16
报国之志 …………………………………………………………… 16
国家脊梁 …………………………………………………………… 17
创造奇迹 …………………………………………………………… 17
核武器的威力……………………………………………………… 18
迅速高效释放能量 ………………………………………………… 18
原子弹离不开铀-235 ……………………………………………… 19
枪式结构和内爆式结构 …………………………………………… 21
用原子弹引爆氢弹 ………………………………………………… 23

"东方红一号"和航天器

我国第一颗人造卫星诞生………………………………………… 25
初踏征服太空之路 ………………………………………………… 25
开创中国航天新纪元 ……………………………………………… 26
"长征"火箭功绩显著 …………………………………………… 27
赵九章——中国人造地球卫星第一人…………………………… 27
卫星的酝酿 ………………………………………………………… 28
从火箭探空开始 …………………………………………………… 28
方案论证与计划拟定 ……………………………………………… 29
当之无愧第一人 …………………………………………………… 30
三大天地往返航天器……………………………………………… 31
人造卫星的运输机：运载火箭 …………………………………… 31
载人航天器 ………………………………………………………… 32

太空“诺亚方舟”——空间站 …… 33

载人航天——飞出地球的襁褓

中国航天工程十年成就辉煌…… 35

国家重点工程 …… 35

载人航天发射试验 …… 36

“神舟”总设计师戚发轫…… 39

多年功力一朝显现 …… 40

从“东方红”改执“神舟”帅印 …… 41

飞天路上波折多 …… 41

深空探测了不起…… 42

安全的太空舱 …… 42

太空行走不一般 …… 45

世界一大奇迹——“杂交水稻”

小小种子改变世界…… 47

开启杂交水稻王国大门 …… 47

“杂交水稻外交” …… 48

水稻全基因组芯片问世 …… 49

杂交水稻之父袁隆平…… 51

偶然得来的“天然杂交稻” …… 51

来之不易的“人工杂交水稻” …… 53

杂交水稻的“秘密” …… 54

何谓“三系”杂交水稻 …… 54
基因测序“鸟枪法” …… 54
水稻基因组八项重要发现 …… 55

首例人工合成胰岛素震惊世界

世界首次人工合成牛胰岛素 …… 57
人工合成胰岛素大奋战 …… 57
人工合成牛胰岛素诞生 …… 58
成果引起世界强烈反响 …… 60
生化事业领航者王应睐 …… 61
聪明才智初露端倪 …… 61
具备发展眼光的领航员 …… 62
胰岛素究竟是什么 …… 63
从神奇的蛋白质说起 …… 63
示踪原子 …… 64
胰岛素简介 …… 65

克隆技术发展

世界克隆技术研究成果 …… 67
早期研究 …… 67
三大发展阶段 …… 68
我国克隆技术跨入国际先进行列 …… 70
动物克隆技术已达国际先进水平 …… 70

克隆器官研究世界领先 …… 71
成功克隆人类胚胎，不用于克隆人 …… 72
克隆技术简介 …… 73
什么是克隆 …… 73
克隆的基本过程 …… 74

医学界的“万用细胞”——干细胞

干细胞突破性发展 …… 75
干细胞研究突破伦理之争 …… 75
中国科学家成功破解干细胞变身障碍 …… 76
干细胞转入临床试验阶段 …… 77
攻克脊髓损伤难题迫在眉睫 …… 77
造血干细胞移植有望治愈糖尿病 …… 77
名副其实的“万用细胞” …… 78
人体干细胞 …… 79
移植修复受损细胞 …… 80

人类基因组计划

破译人类遗传信息之路 …… 81
基因研究开始受到重视 …… 81
人类基因组计划目的 …… 82
我国人类基因组研究进程 …… 82
第一个完整中国人基因组图谱绘制完成 …… 83

国际千人基因组计划 …… 84
炎黄计划 …… 86
人类基因组计划的重要任务 …… 86
人类的DNA测序四种图谱 …… 87
扩展新的药物靶 …… 89

中国模锻压机发展——航空强国必备

世界各国模锻压机发展体系 …… 90
问鼎世界最大模锻压机 …… 90
对我国的战略意义 …… 92
万吨级机械“巨人”设计师 …… 94
在摸索中前进 …… 95
闯过“金、木、水、火、电”五关 …… 96
世界顶级模锻设备 …… 98
大型模锻压机简介 …… 98
模锻压机分水压机和油压机 …… 99
万吨水压机工作 …… 99

核能的和平利用

秦山核电站 …… 102
核能的优越性 …… 102
从愿景变为现实 …… 104
我国现有核电站 …… 105

我国核能和平利用历程…………………………………………………… 106
追赶世界的步伐 …………………………………………………… 106
立足国内，重视安全 ……………………………………………… 107
近、远期核能研究 ………………………………………………… 108
同位素应用 ………………………………………………………… 108
世界核能和平利用种类…………………………………………………… 109
核电发展 …………………………………………………………… 109
核反应堆与核电站 ………………………………………………… 110
新科技及前景展望 ………………………………………………… 111

正、负电子对撞机

北京正负电子对撞机发展历程……………………………………………… 113
伟大的成就 ………………………………………………………… 113
改造后处于国际领先地位 ………………………………………… 114
中国散裂中子源——超级显微镜 ………………………………… 115
东方赤子张文裕…………………………………………………………… 116
乡村中走出来的剑桥博士 ………………………………………… 116
发现“μ介原子”的存在 ………………………………………… 117
中国高能物理实验基地倡导者 …………………………………… 118
微观世界“显微镜”……………………………………………………… 119
改造后实现对撞一亿多次 ………………………………………… 119
采用最先进的双环交叉对撞 ……………………………………… 120
散裂中子源如何得到和控制中子 ………………………………… 121

方兴未艾的工业机器人

世界工业机器人概况……124
前景一片光明……124
价格逐渐下降，性能不断完善……125
中国工业机器人进展……125
机器人产业腾飞的奠基期……126
国产机器人走向实用化……126
工业机器人队伍逐步壮大……128
采矿机器人……129
核工业机器人……130
食品工业机器人……131

中国纳米科技研究

我国纳米技术研究进展……133
发展概况……133
纳米科技研究优势……135
纳米技术领军人物白春礼……138
扫描隧道显微学开拓者……138
显微级别达到原子水平……139
深入纳米微观世界……140
纳米技术的三种概念……140
时常出现的纳米物品……141

中国的全球定位系统

为什么研发“北斗” …… 144

GPS导航卫星 …… 144

要拥有独立的导航系统 …… 145

“三步走”发展战略 …… 146

四大亮点 …… 147

全方位双星导航定位系统 …… 148

“北斗一号”：区域覆盖的导航能力 …… 148

“北斗二号”：具备全球导航能力 …… 150

“北斗”独门绝招 …… 151

地球同步卫星 …… 151

GPS导航系统基本原理 …… 151

“北斗”如何实现短信通信功能 …… 153

地球空间探测

双星探测地球空间 …… 155

空间探测现状 …… 155

空间探测的发展趋势 …… 156

日地空间物理未解决的前沿问题 …… 158

我国的双星计划 …… 159

双星计划简介 …… 159

双星计划的目标是什么 …… 160

双星探测计划的重要意义 …… 160

地球周围的空间 …… 162

如何构成 …… 162

空间天气预报 …… 163

中国宽带移动通信飞跃式发展

宽带无线移动通信技术 …… 166

世界范围从无到有 …… 166

中国抢占新的制高点 …… 168

4G已然“逼近” …… 169

移动通信特点 …… 170

无线电波传播复杂 …… 170

干扰电波常捣乱 …… 171

移动通信中的“行话” …… 172

“蜂窝”接触和展望 …… 173

蜂窝移动通信系统 …… 174

蜂窝之名何来 …… 174

展望“蜂窝”的未来 …… 175

中国特高压工程

特高压支撑能源可持续发展 …… 177

不断攀升的用能需求 …… 177

安徽能源优势 …… 178

打造特高压输电网…… 179
世界首条投运特高压输电工程 …… 180
111天完成高难度长江大跨越工程 …… 180
川电出川梦想成真 …… 181
解析特高压输电…… 182
特高压输电优势 …… 182
特高压交、直流输电比较 …… 183
直流的“静电吸尘效应” …… 184

首座超导变电站

电网大功率运行催生超导系统…… 186
开发超导储能系统的优势 …… 186
超导是解决问题的新思路 …… 187
白银超导变电站示范基地…… 188
合力打造超导电力示范基地 …… 188
超导储能系统的应用前景 …… 189
超导储能系统…… 191
输变电系统主要电气设备 …… 191
什么是超导储能系统 …… 194
1MJ高温超导储能系统简介…… 195

“蛟龙”潜海

大深度载人深潜技术…… 197

连续刷新“中国深度”新纪录 …… 197
地地道道“中国龙” …… 198
“蛟龙”入海的实际意义 …… 199
深潜传奇——徐芑南 …… 199
与潜艇结下不解之缘 …… 200
未了却的心愿 …… 200
完成大深度载人潜水器心愿 …… 201
你所不知道的“蛟龙” …… 202
海下负重生存 …… 202
人类水下生活 …… 203
“蛟龙”深潜秘密 …… 204

银河巨型计算机

真正超高速巨型计算机

1946年2月，第一台电子计算机“ENIAC”在美国宾夕法尼亚大学试验成功时，在世界的东方，没有人留意到这项发明。就是在新中国成立之初，也是头绪万千、百业待兴，还不具备制造计算机的条件。然而，计算机问世后的短短几年，便以其发明者始料未及的速度，有了惊人的发展。20世纪50年代中期，计算机传入我国，中国人民终于知道了计算机这一伟大发明。于是，从1956年开始，我国就开始追赶世界的脚步，1959年10月前夕，我国第一台大型通用电子计算机即试制成功。不过早期的计算机都没能真正全面投入使用。直到1983年，我国“银河”计算机研制成功，才真正实现了“我国超高速巨型计算机投入使用”的目标。

攀登攻关不畏难

1978年3月，全国第一次科学大会在北京召开，中国迎来了科学的春天。此后，中央在重要会议上，正式下决心研制巨型计算机，以解决我国现代化建设中的大型科学计算问题。主持会议的邓小平同志将这一任务交给了国防科工委，并点名要国防科技大学承担研制任务。时任国防科工委主任的张爱萍上将向邓小平立下了军令状：一定尽快研制出中国的巨型计算机。

研制巨型计算机，谈何容易？改革开放之初，我国技术落后，资料匮乏，西方国家又对我们实行技术封锁，了解国外研制巨型机的情况十分困难。国防科技大学虽然是国内最早研制计算机的单位，但此前为远望号测量船研制的"151"机，每秒运算速度只有100万次，而现在要研制每秒运算1亿次的机器，计算机运算速度一下要提高100倍，其难度不言而喻。

但是，困难没有吓倒研究人员。当时，大家只有一个信念，全力以赴造出自己的巨型机。研制工作迅速展开之后，各种复杂技术问题随之冒了出来：大容量存储器是"银河机"的一个特点，走什么样的技术路线？采取什么样的体系结构？如何实现每秒1亿次的运算速度？问题像一个个"拦路虎"拦在研究人员面前。研究人员把全部心血都倾注在设计存储器上，经过不懈努力，大容量存储器的设计得到了圆满解决。

主机的功率较大，如果不采取良好的冷却措施，随时都能把组件烧坏，而使温度降低10℃，则主机无故障时间可以延长一倍，通风散热作用极大。结构室的科研人员虽然都不是这方面的专家，但他们边学边干，阅读了传热学、流体力学、机械制造方面的书籍，反复实验，得到了几百个可用数据。经过努力，科技人员们设计的通风散热结构，既简便，又有效，超过了原定指标。

国防科技大学的科研人员在争分夺秒地研制"银河"机的过程中研制了一些测试设备。"银河"机主机有一百多种多层印制板，每块板子上的线路密密麻麻，孔眼星罗棋布。这些线与线、点与点之间，有的该联通，有的则不需联通。怎么测量呢？如果用人工方法一个点一个点地测，一块板子至少要3天。测完全机的印制板至少5年，而且质量不能保证。经过反复研究，自动化室的科研人员研制出了一套具有国际水平的导通测试设备，测一块板子只要十秒钟。

总之，国防科技大学的科研人员正是靠着勇攀难关、不畏困难的劲头，闯过了一个个理论、技术和工艺难关，跨进了世界先进水平行列。

填补国内巨型机空白

为了确保机器的精密无误，担负研制亿次机任务的每名科技人员都必须严把质量关。国防科技大学建立了一个质量控制小组，设计时，一个人设计，三个人审查，把错误消灭在图纸上；工厂生产、工艺精益求精，自检、互检，层层把关，每一步都严格考核。参加研制"银河"机的科研人员、工人都秉承着

"质量第一"的信念，为"银河"机顺利通过国家鉴定提供了前提保证。

主机各部件的逻辑设计的好坏是关系到能否达到运算1亿次的关键一步，需要先进行理论研究和做多种试验，制定出设计规范和信号传输规则，再着手设计。这从理论研究到初步制定的信号传输规则，直到1980年年初才全部完成，接下来要着手工程化设计。

与此同时，电路室的实验和模型机试验的新结果做出来了。根据这两个结果，科研人员又逐条审查了原先的设计规范和规则。"银河"机主机的线路有上百万条，一根根地计算、核对，工作量之大和繁琐难以想象。一经发现指令控制和向量寄存器设计有毛病，就必须对原设计进行核改，这样反反复复，直到完全符合要求。

多层印制板是"银河"机主机的基础部件。每块印制板仅有A4纸那么大，上面布满了密密麻麻的线路和组件。一块板子至少有一千多个焊接点，多的达三千个。每个焊点不到米粒大，要求不能有虚焊，不能把锡挂到电路上。如此细致的程度极大地考验了工人的焊接技术。

研制"银河"机最繁琐的程序是数学子程序系统。国防科技大学科研人员始终坚持精益求精的工作态度，在模拟器上反复试算，确保了程序精度达到国际先进水平。

5年没日没夜地顽强拼搏，科研人员闯过了一个个理论、技术和工艺难关，攻克了数以百计的技术难题，创造性地提出了"双向量阵列"结构，大大提高机器的运算速度，提前1年完成了研制任务，系统达到并超过了预定的性能指标，机器稳定可靠，且经费只用了原计划的五分之一。

1983年12月22日，我国第一台每秒运算达1亿次以上的计算机——"银河"研制成功。"银河"巨型计算机系统是我国当时运算速度最快、存储容量最大、功能最强的电子计算机。当时，只有少数几个国家能够研制巨型电子计算机。"银河"的研制成功，使我国跨入世界研制巨型机国家的行列，标志着我国计算机技术发展到了一个新阶段。

同时，我国的科研同志在设计研制巨型计算机的过程中，一直坚持把"好用""实用"作为国产巨型机走向市场的生命线。比如，在首台巨型机研制时，就与国家气象部门探讨气象领域对巨型机的需求，突破了向量化并行算法等一系列关键技术难题，开发出了我国第一个全面向量化的大型应用软件——“高分辨率中期预报模式银河高效软件系统”，使国产“银河”巨型机完成24小时天气预报的运行时间由过去的10700秒缩短为3900秒，一年就可为国家节省机时费300多万元。这个计算机后来使我国成为世界上少数几个能发布5~7天中期数值天气预报的国家之一。如今，“银河”系列巨型机广泛应用于天气预报、空气动力实验、工程物理、石油勘探、地震数据处理等领域，产生了巨大的经济效益和社会效益。

计算机领军人物

张效祥，中国计算机专家，中国科学院院士。1918年6月26日生于浙江海宁。1943年武汉大学电机系毕业，1956~1958年在苏联科学院精密机械及计算机研究所进修。历任中国人民解放军总参谋部有关研究所工程师、副所长、所长、研究员，中国计算机学会理事长等职。他是中国第一台仿苏电子计算机制造的主持人，中国自行设计的电子管、晶体管和大规模集成电路各代大型计算机研制的组织者和直接参与者，在中国计算机事业的开拓和发展中起了重要作用。20世纪70年代，由他领导，率先在中国开展多处理器并行计算机系统国家项目的探索和研制工作。经过多年努力，于1985年完成中国第一台亿次巨型并行计算机系统，获1987年国家科技进步特等奖。

胡守仁，国防科技大学教授，博士生导师，我国著名计算机学者。1926年9月生于浙江省江山县，1949年毕业于浙江大学，1952年到哈尔滨军事工程学院工作。1958年他开始涉足计算机领域，此后一直从事计算机的教学与研究，主持了多台计算机系统的研究与开发，其中有151-Ⅳ百万次大型计算机，ＹＨ－１银河亿次巨型计算机系统和ＹＨ－Ｆ１银河数字仿真计算机系统等。共获国家级奖励3项，部委级奖励10多项，出版专著４部，发表学术论文百篇以上，为我国计算机事业的发展做出了重大贡献。

要有中国自己的计算机事业

20世纪50年代，张效祥领导并主持开发了我国第一台大型通用电子计算机——104机，在此后的35年中，又先后组织领导并亲自参加了我国自行设计的从电子管、晶体管到大规模集成电路各代大型计算机的研制。他见证了我国计算机事业半个多世纪的发展历程。

作为我国计算机事业的创始人之一，张效祥在回顾这50年来的风云变幻时感慨万千。面对这半个多世纪的沧桑，他仍然记忆犹新的是我国计算机事业最艰苦的起步时期。

1957年底，我国科学代表团到莫斯科访问，与苏联科学院洽谈帮助我国研制第一台大型计算机的问题。由于张效祥先生在苏联已学习近一年，对情况比较了解，应代表团之约他也参加了谈判。

当时的谈判主要有两个方案：一个是中方的方案，即希望苏方能帮助我们在国内研制出第一台比较先进的大型机。但苏方认为在我国研制计算机条件不成熟，建议我国派出科研队伍去苏联成立研究室，在苏联研制出第一台大型机。

张效祥当时曾多次向代表团和国内提出自己的看法，认为我国是要建立计算机学科，而不只是造出一台机器。只有在国内进行，才能通过研制机器，建立和培植我们自己的科研、工业生产、应用和管理的基地和队伍，使全社会各种有关工业能配合计算机事业，这有利于国家和社会各行业对计算机事业的支持。归根结底是要在中国建立自己的基础才能发展。

洽谈结果，我方最后确定在中国科学院计算技术研究所，以Б Э С М（试验通用快速数字计算机）为蓝本制造自己的第一台大型机。为此，国内决定进修队延长进修期半年，全力就地集中消化Б Э С М全部图纸资料，以便回国形成骨干队伍。进修队的大部分人员于1958年8月回到北京，并立即投入104机的试制工作。

1959年4月30日清晨调通逻辑，并算出了第一个课题：“五一节”的天气预报。经过正确性调试和可靠性调试两个阶段之后开始试算，于1959年国庆时宣布完成，为国庆献上一份厚礼。

张效祥先生是我国第一台大型计算机104机研制的主持者，该项目荣获国家科技进步特等奖。104机完成后，许多重大科学课题纷纷上机运算。我国第一颗原子弹的有关科学计算就是由104机实现的。

实现零的突破

胡守仁教授的时间从来是以分秒计算的。40多年来，他在我国计算机科研领域奋勇开拓并取得卓越成就。1951年，这位浙江大学电机系毕业的高才生，在西子湖畔被老师和同学送上了隆隆北去的火车，一个星期后抵达吉林通化，从此穿上军装，开始了在国防科研领域的一生奋斗。

1958年是胡守仁人生的一次转折。他到海上实习，目睹了我国海军装备的落后状况。那时，人民海军处在创建阶段，我们从苏联引进的鱼雷快艇，仅靠一个机械式的三角杆作计算器，这种古老陈旧的计算方法根本无法适应实战、夜战、近战的需要。部队的同志说，鱼雷快艇高速行驶，颠簸严重，指挥员用拉杆计算目标参数很不准确，在夜间几乎不能指挥作战。胡守仁的心被强烈地震撼了，他暗暗地萌发了自己研制鱼雷快艇指挥仪的念头。

此时，中央军委决定研制我国自己的计算机，并把这一任务交给了胡守仁所在的“哈军工”。学校成立了电子数字计算机研制组，胡守仁被任命为该项目的主要负责人。胡守仁说，当时他连计算机的一般概念都不知道，起步十分艰难。为了实现零的突破，他和战友们边学习，边讨论，边研究，边实践，吃住都在实验室，经过半年多的日夜奋战，中国第一台计算机终于问世了！

此后，胡守仁在计算机领域可谓硕果累累：1959年他负责筹办我国高等院校第一个计算机专业，开始了我国最早的计算机教学；1962年，他主持研制出了我国第一台教学计算机；1968年主持研制出了我国第一台车载靶场——数据录取和处理计算机；1970年他参加了我国第一台百万次——“远望一号”测量船中心计算机的攻关，并作为计算机系副主任兼任“718”研究室主任和该任务的技术总体组组长，第一次提出了变结构的思想，大大提高了计算机的运算速度和可靠性；1976年以后，他相继参加了我国第一台亿次巨型计算机“银河Ⅰ”、第一台数字仿真机“银河仿真Ⅰ”的研制，两次担任技术总体组组长……这一个个“中国第一”，谱写了胡守仁为使我国计算机事业能在世界上占有一席之地而奋斗不息的壮丽人生。

巨型计算机之路

巨型机是一种超大型电子计算机，具有很强的计算和处理数据的能力，主要特点表现为高速度和大容量，配有多种外部和外围设备及丰富的、高功能的软件系统。主要用来承担重大的科学研究、国防尖端技术和国民经济领域的大型计算课题及数据处理任务。如大范围天气预报，整理卫星照片，原子核物的探索，研究洲际导弹、宇宙飞船，制定国民经济的发展计划等，项目繁多，时间性强，要综合考虑各种因素，依靠巨型计算机能大大提高速度和准确性。

一代机到四代机

以逻辑电路器件作为标志，到目前为止的电子计算机可以分为四代。此外，还有“第五代”——人工智能计算机和“第六代”——生物计算机的说法。每一代计算机，都比前一代更小、更快，技术工艺要求更高，价钱也更便宜。中国从20世纪50年代开始进行从第一代机到第四代机的研制工作。

第一代计算机采用电子管。美国研制出第一代计算机用了4年（1943—1946年，标志：宾夕法尼亚大学的ENIAC），而中国通过学习苏联的技术，仅用3年就完成了（1956—1958年，中科院计算所的103机），并生产了38台。

第二代计算机采用晶体管。美国从第一代计算机进入第二代计算机花了9年时间（1946—1954年，标志：贝尔实验室的TRADIC），中国用了7年（1958—1964年，标志：哈尔滨军事工程学院，即国防科技大学前身的441B机），生产了约200台。

第三代计算机采用中、小规模集成电路。这段发展过程美国用了11年（1954—1964年，标志：IBM公司的IBM360），中国用了7年时间（1964—1970年，标志：中科院计算所的小规模集成电路通用数字电子计算机“111机”）。

·银河系列巨型计算机·

银河－Ⅰ	1983年11月我国第一台被命名为“银河”的亿次巨型电子计算机，历经5年，在国防科技大学诞生了。它的研制成功，向全世界宣布：中国成了继美、日等国之后，能够独立设计和制造巨型机的国家。
银河－Ⅱ	1992年11月19日，由国防科技大学研制的“银河－Ⅱ”10亿次巨型计算机在长沙通过国家鉴定，填补了我国面向大型科学工程计算和大规模数据处理的并行巨型计算机的空白。
银河－Ⅲ	1997年6月19日，由国防科技大学研制的“银河－Ⅲ”并行巨型计算机在京通过国家鉴定。该机采用分布式共享存储结构，面向大型科学与工程计算和大规模数据处理，基本字长64位，峰值性能为130亿次。该机有多项技术居国内领先，综合技术达到当前国际先进水平。

在计算机的发展史上，20世纪70年代初问世的第四代计算机具有特殊的重要意义。对此，我们只要知道“微机”和“网络”是第四代计算机的产物就会一目了然了。第四代计算机是采用大规模集成电路制造的计算机，高度的集成化使得计算机的中央处理器和其他主要功能可以集中到同一块集成电路中，这就是人们常说的“微处理器”。

当然，从体积上说，如今最大的巨型机也未必能和第一台计算机相比，但它的运算能力则达到了第一台计算机的百万倍、千万倍甚至上亿倍。

我国的超级计算机研制起步于20世纪60年代。到目前为止，大体经历了三个阶段：第一阶段，自60年代末到70年代末，主要从事大型机的并行处理技术研究；第二阶段，自70年代末至80年代末，主要从事向量机及并行处理系统的研制；第三阶段，自80年代末至今，主要从事MPP系统（大规模并行处理系统）及工作站集群系统的研制。经过几十年不懈的努力，我国的高端计算机系统研制已取得了丰硕成果，“银河”“曙光”“神威”“深腾”等一批国产高端计算机系统的出现，使我国成为继美国、日本之后，第三个具备研制高端计算机系统能力的国家。

向量处理器

在解释向量处理器之前，有必要先解释一下CPU存在的意义和功能。

CPU的学名是中央处理器，只要使用冯·诺依曼结构，并且把运算器和控制器集成的微处理器都可算作中央处理器。就外部体系结构而言，CPU是冯·诺伊曼结构的，而DSP（即数字信号处理，是一种通过使用数学技巧执行转换或提取信息，来处理现实信号的方法，这些信号由数字序列表示）有分开的代码和数据总线，即“哈佛结构”。哈佛结构是一种并行体系结构，它的主要特点是将程序和数据存储在不同的存储空间中，即程序存储器和数据存储器是两个独立的存储器，每个存储器独立编址、独立访问。与两个存储器相对应的是系统的4条总线：程序的数据总线与地址总线，数据的数据总线与地址总线。这种分离的程序总线和数据总线可允许在一个机器周期内同时获得指令字（来自程序存储器）和操作数（来自数据存储器），从而提高了执行速度，提高了数据的吞吐率。

这样在同一个时钟周期内可以进行多次存储器访问，因为数据总线也往往有好几组。有了这种体系结构，DSP就可以在单个时钟周期内取出一条指令和一个或者两个（或者更多）的操作数。目前大部分计算机体系都是CPU内部的哈佛结构＋CPU外部的冯·诺伊曼的结构。

CPU笼统地说，是对一系列可以执行复杂的计算机程序的逻辑机器的描述。这个空泛的定义很容易将在“CPU”这个名称将被普遍使用之前的早期计算机也包括在内。早期的中央处理器通常是为大型及特定应用的计算机而定制。但是，这种昂贵的为特定应用定制CPU的方法很大程度上已经让位于开发便宜、标准化、适用于一个或多个目的的处理器类。

向量处理器与SIMD主条目，上面提及过的处理器都是一些常量仪器，而针对向量处理的CPU是较不常见的类型（不过，巨型机常用的向量处理器也可以是CPU）。事实上，在计算机计算上，向量处理是很常见的。顾名思义，向量处理器能在一个命令周期处理多项数据，这有别于只能在一个命令周期内处理单一数据的常量处理器。这两种不同处理数据的方法，普遍分别称为“单指令，多数据（SIMD）”及“单指令，单数据（SISD）”。

向量处理器最大的优点就是能够在同一个命令周期中对不同的工作进行优化，例如：求一大堆数据的总和及向量的积。更典型的例子就是多媒体应用程序（画像、影像及声音）以及众多不同种类的科学及工程上的工作。假设应用程序于单一命令周期内对处理器进行多次要求，常量处理器只能针对一组数据于单一命令周期内完全执行提取、译码、执行和写回四个阶段，而向量处理器已能对较大型的数据在相同时间内执行相同动作。

大多数早期的向量处理器，都只会用于与科研及密码学有关的应用程序。“银河”巨型计算机采用的则正是向量处理器。随着多媒体向数位媒体转移，对于能做到“单指令，多数据”的普通用途处理器需求大增。于是，在浮点计算器（小数点的位置可以在一定范围内浮动）普及化不久后，拥有“单指令，多数据”功能的普通用途处理器便面世了。

从“银河”到“天河”

“银河”系列超级计算机这样的核心关键技术，从投入使用之日起就奠定了“开拓者”的地位。我们也知道，在一定时期内速度最快、性能最高、体积最大、耗资最多的巨型计算机系统只是一个相对的概念，因为科技从未停止过脚步，2011年11月17日，国际超级计算机TOP500组织正式发布第36届国际超级计算机500强排名榜。安装在国家超级计算天津中心的“天河一号”超级计算机系统，以峰值速度4700万亿次、持续速度2566万亿次每秒浮点运算的优异性能位居世界第一，实现了中国自主研制超级计算机综合技术水平进入世界领先行列的历史性突破。

中国首台千万亿次超级计算机“天河一号”究竟有多“超级”？以下是一组相关数字。

数字一：全系统峰值性能为每秒1206万亿次，Linpack（线性系统软件包）实测性能为每秒563.1万亿次。这意味着，“天河一号”计算一天，一台配置Intel双核CPU、主频为2.5Ghz（GHz即十亿赫兹）的微机需要计算160年。

数字二：共享存储总容量为1PB（千万亿字节）。按国内数字图书馆应用软件的图片格式PDG为例计算，如果平均每册书大小约10MB（兆字节）的话，“天河一号”的存储量相当于 4 个国家图书馆（藏书量为2700万册）之和，能够为全国每人储存一张大小接近1MB的照片。

数字三：“天河一号”由103台机柜组成，每个机柜占地1.44平方米、高两米、重1.5吨，系统总重量相当于19个神舟飞船。把通风等条件考虑在内，放置“天河一号”需要一个近千平方米的房间。

数字四：全系统包含6144个通用处理器和5120个加速处理器，仅系统级软件就有20多万行代码。按每人每小时写20行代码的速度，需写1万小时。

数字五：互联通信网络的单根线传输速率为10 G bps（1Gbps表示每秒的传输速度是1024兆位），这是目前国际上最快的速率，相当于在“天河一号”计算机内部修了一条信息高速公路。

数字六：“天河一号”从信息技术的发展速度预计，使用寿命预计为10年。

数字七：全系统运行情况下，每小时耗电1280° 。能耗比——即每瓦电能创造的计算效能为4.3亿次运算，与目前峰值性能排名世界第一的美国“走鹃”超级计算机相当。

引起国内外“地震”的两弹

原子弹到氢弹的飞跃

1945年8月6日和9日，美国在日本广岛和长崎共投下了两枚原子弹，直接导致了20余万人口伤亡，日本被迫无条件投降。原子弹的威力引起了当时所有国家领导人的注意。国民政府就曾在抗战胜利初期，马上秘密网罗被俘日本原子弹专家，尝试研制原子弹，并延聘著名科学家吴大猷、郑华炽、华罗庚等十余人，成立“原子能研究委员会”，部署原子弹研制方案，后因战争而无实质性的进展。1945年，中国共产党也有研制原子弹的想法，并积极争取原子物理专家，先后动员了钱学森等回国，动员钱三强等投奔解放区。

初期困难重重

想造原子弹，得先有原子物理理论可行性研究。1950年中国科学院近代物理研究所（中国原子能科学研究院前身）在京成立，钱三强任所长。此后，大批原子能科学家被动员回国，加入研究所，完成了理论可行性报告。

1955年1月15日，中共中央书记处扩大会议，钱三强、李四光用最浅显的讲解和演示介绍了核物理和铀矿地质学，促成会议决定研制原子弹，工程代号“02”。造原子弹光有理论研究所是不够的，还得有一个具体执行的政府部门。1956年设立了第三机械工业部（1958年改名为第二机械工业部），具体组织领导全国核工业的设计和发展工作。从此原子弹计划从决策落实到具体进展。

1957年10月，中苏两国政府签订了“国防新技术协定”，里面列有苏联援助中国研制核武器的条款，主要包括苏联向中国提供原子弹的数学模型和图纸资料。苏联首批派出了640名科学家，在核武器及电子计算机开发方面为我国提供技术支持。

第二年，中国在苏联的帮助下建立了第一座重水型核实验反应堆。核反应堆对验证理论物理推算、提供放射性材料至关重要，凡是原子弹工程，都必须先建反应堆。有原子能还要有导弹，才能打出去，中国虽然是火箭的发明国，但是从来没有设计过现代火箭、导弹，苏联提供了二枚地对地近程导弹模型，缓解了燃眉之急，成为仿制标本。

可是，1959年8月23日，在核工业部系统工作的200多名苏联专家全部撤回国，并把重要的图纸资料全部带走，原来应该供应的设备也不供应了。此时中国原子弹计划的外援全部断绝。中国原子弹工程重新命名为“596工程”。

在这紧要关头，中共中央决定：自己动手，从头摸起，准备用8年的时间把原子弹研制出来。

中国第一颗原子弹试爆成功

接下来的原子弹研制工作起初还比较顺利，但后来国家财力出现紧张状况，原子弹还搞不搞？解放军副总参谋长张爱萍提交了《关于原子能工业建设的基本情况和亟待解决的问题》的报告。报告认为，当时的核工业已有了相当的基础，只要中央主要领导同志亲自领导，各项保障跟上去，1964年成功制造原子弹并进行核爆炸是可能实现的。报告被批准，核计划得以在挤占其他经费以后继续进行。

1960年春天，中央军委令陈士榘将军率领中国的第一批特别工程部队进入罗布泊，开始了中国第一个核试验基地的工程建设。同时，中共中央在7、8月召开工作会议，讨论克服面临的严重困难，发展国防科学技术特别是尖端技术的问题，提出要“埋头苦干，发愤图强，自力更生，奋勇前进”，并采取了一系列重大措施：一是加强领导，组织全国各科研、生产部门协作攻关。1962年11月，成立了以周恩来任主任、罗瑞卿任办公室主任、国务院几位副总理及中央军委有关部门领导参加的专门委员会。二是遵照“缩短战线，任务排队，确保重点”的原则，对其他一些尖端武器发展项目，除保留一定的骨干力量继续攻关外，暂缓进行，集中力量研制原子弹。三是选调技术骨干100名，大中专毕业生6000名，培养充实原子弹研制队伍。中央专委在周恩来领导下，组织各方面的力量大力协同，及时在人力、物力、财力等方面进行调度，卓有成效地组织了全国大协作，解决了研制原子弹中遇到的100多个重大问题，安排了原子弹所需的特殊材料、部件和配套产品2万余项的研制生产，大大加快了原子弹研制的步伐。广大科技工作者在科研和生活条件十分艰苦的环境下，克服重重困难，发挥聪明才智，攻克了一道道难关，经过反复试验论证，于1963年3月，提出了研制中国第一颗原子弹理论设计方案。值得一提的是中国第一次核试验用的是先进的“内爆法”，即用常规炸药把铀装药向内挤压超过临界质量而爆炸。这种爆炸方法装药利用率高，可节约宝贵的浓缩铀，但是技术工艺比较复杂。

1964年10月16日14时59分40秒，历史性的时刻到来了，主控站操作员按下了启动电钮，10秒钟后整个系统进入自控状态，计数器倒计时开始。当它倒转到0时，按事先的设计，原子弹进行着爆轰、压缩、超临界、出中子、爆炸的全过程。火球凌空，蘑菇云腾空而起。中国第一颗原子弹试爆成功了！从此中国获得核大国地位。

首颗氢弹爆炸成功

当今世界，原子弹、氢弹在各国都属于国家绝对机密，再友好的国家，对此也是守口如瓶。20世纪50年代前期，我们当时称为“老大哥”的苏联，对此也是守口如瓶。

自1964年10月16日下午3时成功地爆炸我国第一颗原子弹后，科学技术人员激发出向研制氢弹奋斗的极大热情，但当时也只知道氢弹的一般原理，即用原子弹当扳机，先将原子弹起爆，爆炸产生的百万摄氏度以上的高温，将使氢弹的热核材料产生剧烈聚变，释放出更大的原子能，使温度和压力极度升高，因而产生更大当量的爆炸。但更深层次的原理和方案当时还不知道。怎么办?

科学家们在讨论中认为，美国人自1952年10月31日爆炸了第一颗湿式氢弹装置；苏联人自1953年8月21日爆炸了第一颗干式氢弹装置；英国人自1957

年5月15日爆炸了第一颗实验氢弹原型。距当时已有10年左右，在当时的资本主义社会的学术技术报道中，总会出现某些讨论和炫耀的文章。哪怕是从侧面的点点滴滴的报道，对我们都会有所启发。于是科技人员对国际上有关的论文、杂志、学术报道等刊物进行全面搜索。

功夫不负有心人。线索终于在一篇有关氢弹的科学技术报道中出现了，虽然只有只言片语，字数不多，但启发价值很大。专家们在此启发下，进行大量的理论研究和无数的计算，终于将氢弹原理方案的奥秘揭示出来。当然，只言片语的启迪背后更加功不可没的是当时我们的研究队伍，以及大家为此付出的艰辛。

我国科学家一开始就提出要用空投方式将氢弹投掷到新疆的罗布泊上空。这就是说，我国要实现的第一颗氢弹，是真正的氢弹，而不是一个装置。因为装置不是武器，只是为了做实验而用的。

美国人于1954年2月8日，在比基尼岛试验场爆炸了地面上的实验性氢弹装置，直到1956年5月20日，才首次由B-52型轰炸机运载，在比基尼岛上空空投下一颗氢弹。我国科学家提出一次到位试验氢弹的勇气和信心，至今仍是令人难以忘怀的。但要实现这一目标，还必须解决实际问题。

比如，因为当时我国拥有的轰炸机的最大载重量小于10吨，氢弹的设计总重量也必须小于10吨。又如：原来的飞机没有会受到放射性污染的问题，现在执行这个任务，轰炸机就需要改装，必须防止人员和飞机在投掷氢弹以后受到放射性污染。

1967年6月17日早晨7时左右，聂荣臻等各部门领导人在核试验基地司令员的陪同下，提前来到了核试验场战壕。7时多，核试验基地的第一把手张司令员报告，载着氢弹的飞机已由基地机场起飞，正向试验场上空飞来。不久，指挥部的喇叭里广播，飞机已快接近试验场。接着，一架银白色的轰炸机拉着白烟飞到试验场上空，载着氢弹在空中盘旋，进入第一圈飞行，进入第二圈飞行，进入第三圈飞行。激动人心的时刻终于到了，氢弹爆炸，那巨大的蘑菇云不停地在空中翻滚，越滚越大，非常壮丽。

中国有了氢弹的消息震惊世界！这次试验是中国继第一颗原子弹爆炸成功后，在核武器发展方面的又一次飞跃，标志着中国核武器的发展进入了一个新阶段。

“两弹”元勋邓稼先

邓稼先，安徽省怀宁县人，两弹元勋、中国原子弹之父。1935年，他考入志成中学，与杨振宁结为朋友。1941年考入西南联合大学物理系，1948年至1950年在美国普渡大学留学，获物理学博士学位，同年回国。1950年10月被分派到中国科学院工作，从事我国核武器理论研究工作，是中国核武器研究奠基人。

报国之志

邓稼先在校园中深受爱国救亡运动的影响，“七·七”事变后，全家滞留北京，他秘密参加抗日聚会。在父亲的安排下，16岁的邓稼先随大姐去了后方，在四川江津读完高中，并于1941年考入西南联合大学物理系，受业于王竹溪、郑华炽等著名教授。抗日战争胜利时，他拿到了毕业证书，在昆明参加了中国共产党的外围组织“民青”，投身于争取民主、反对国民党独裁统治的斗争。翌年，他回到北平，受聘担任了北京大学物理系助教，并在学生运动中担任了北京大学教职工联合会主席。

抱着学更多的本领以建设新中国的志向，他于1947年通过了赴美研究生考试，于翌年秋进入美国印第安纳州的普渡大学研究生院。由于他学习成绩突出，1950年便读满学分，并通过博士论文答辩。此时他只有26岁，人称“娃娃博士”。这位取得学位刚9天的“娃娃博士”毅然放弃了在美国优越的生活和工作条件，回到了一穷二白的祖国。

同年10月，邓稼先在中国科学院近代物理研究所任助理研究员，从事原子核理论研究。在北京外事部门的招待会上，有人问他带了什么回来。他说：“带了几双眼下中国还不能生产的尼龙袜子送给父亲，还带了一脑袋关于原子核的知识。”此后的8年间，他进行了中国原子核理论的研究。1958年8月调到新筹建的核武器研究所任理论部主任，负责领导核武器的理论设计，随后任研究所副所长、所长，核工业部第九研究设计院副院长、院长，核工业部科技委副主任，国防科工委科技委副主任。

国家脊梁

1958年秋，第二机械工业部副部长钱三强找到邓稼先，说“国家要放一个‘大炮仗’”，征询他是否愿意参加这项必须严格保密的工作。邓稼先义无反顾地同意，回家对妻子只说自己“要调动工作”，不能再照顾家和孩子，通信也困难。从小受爱国思想熏陶的妻子明白，丈夫肯定是从事对国家有重大意义的工作，表示坚决支持。从此，邓稼先的名字便在刊物和对外联络中消失，他的身影只出现在严格警卫的深院和大漠戈壁。

邓稼先就任二机部第九研究所理论部主任后，先挑选了一批大学生，准备有关俄文资料和原子弹模型。1959年6月，苏联政府终止了原有协议，中共中央下决心自己动手，造出原子弹。邓稼先担任了原子弹的理论设计负责人后，部署同事们分头研究计算，自己也带头攻关。在遇到一个苏联专家留下的核爆大气压的数字时，邓稼先在周光召的帮助下以严谨的计算推翻了原有结论，从而解决了关系中国原子弹试验成败的关键性难题。数学家华罗庚后来称，这是“集世界数学难题之大成”的成果。

中国研制原子弹正值三年困难时期，尖端领域的科研人员虽有较高的粮食定量，却因缺乏油水，仍经常饥肠响如鼓。邓稼先从岳父那里能多少得到一点粮票的支援，却都用来买饼干之类，在工作紧张时与同事们分享。就是在这样艰苦的条件下，他和同事们日夜加班。

创造奇迹

邓稼先不仅在秘密科研院所里费尽心血，还经常到飞沙走石的戈壁试验场。他冒着酷暑严寒，在试验场度过了整整8年的单身汉生活，有15次在现场领导核试验，从而掌握了大量的第一手材料。

1964年10月，中国成功爆炸的第一颗原子弹，就是由他最后签字确定了设计方案。他还率领研究人员在试验后迅速进入爆炸现场采样，以证实效果。紧接着，他又同于敏等人投入对氢弹的研究。按照“邓于方案”，最后终于制成了氢弹，并于原子弹爆炸后的2年零8个月试验成功。

从原子弹到氢弹，美国用了7年零3个月，苏联用了4年零3个月，而当时综合国力尚属落后的中国仅用了2年零8个月，创造了世界上最快的速度。当时法国总统戴高乐为此大发雷霆，拍着桌子质问为什么法国的氢弹迟迟搞不出来，而让中国人抢在了前面。

1972年，邓稼先担任核武器研究院副院长，1979年又任院长。1984年，他在大漠深处指挥中国第二代新式核武器试验成功。翌年，他的癌细胞扩散已无法挽救，他在国庆节提出的要求就是去看看天安门。1986年7月16日，国务院授予他全国“五一劳动奖章”。同年7月29日，邓稼先去世。他临终前留下的话仍是如何在尖端武器方面努力，并叮咛：“不要让人家把我们落得太远……”

核武器的威力

核武器是能自持进行核裂变或聚变反应释放的能量，产生爆炸作用，具有大规模杀伤破坏效应的武器的总称。其中主要利用铀–235或钚–239等重原子核的裂变链式反应原理制成的裂变武器，通常称为原子弹；主要利用重氢（氘）或超重氢（氚）等轻原子核的热核反应原理制成的热核武器或聚变武器，通常称为氢弹。

迅速高效释放能量

煤、石油等矿物燃料燃烧时释放的能量，来自碳、氢、氧的化合反应。一般化学炸药，如梯恩梯（TNT）爆炸时释放的能量，来自化合物的分解反应。在这些化学反应里，碳、氢、氧、氮等原子核都没有变化，只是各个原子之间的组合状态有了变化。核反应与化学反应则不一样。在核裂变或核聚变反应里，参与反应的原子核都转变成其他原子核，原子也发生了变化。因此，人们习惯上称这类武器为原子武器。但实质上是原子核的反应与转变，所以称核武器更为确切。

核武器爆炸时释放的能量，比只装化学炸药的常规武器要大得多。例如，1千克铀全部裂变释放的能量约8×10^{13}焦耳，比1千克梯恩梯炸药爆炸释放的能量4.19×10^{6}焦耳约大2000万倍。因此，核武器爆炸释放的总能量，即其威力的大小，常用释放相同能量的梯恩梯炸药量来表示，称为梯恩梯当量。美、苏等国装备的各种核武器的梯恩梯当量，小的仅1000吨，甚至更低；大的达1000万吨，甚至更高。

核武器爆炸，不仅释放的能量巨大，而且核反应过程非常迅速，微秒级的时间内即可完成。因此，在核武器爆炸周围不大的范围内形成极高的温度，加热并压缩周围空气使之急速膨胀，产生高压冲击波。地面和空中核爆炸，还会在周围空气中形成火球，发出很强的光辐射。核反应还产生各种射线和放射性物质碎片；向外辐射的强脉冲射线与周围物质相互作用，造成电流的增长和消失过程，其结果又产生电磁脉冲。这些不同于化学炸药爆炸的特征，使核武器具备特有的强冲击波、光辐射、早期核辐射、放射性沾染和核电磁脉冲等杀伤破坏作用。核武器的出现，对现代战争的战略战术产生了重大影响。

原子弹离不开铀-235

原子弹主要是利用核裂变释放出来的巨大能量起杀伤作用的一种武器。它与核反应堆一样，依据的同样是核裂变链式反应。

按理，反应堆既然能实现链式反应，那么只要使它的中子增殖系数k大于1，不加控制，链式反应的规模将越来越大，则最终会发生爆炸。也就是说，反应堆也可以成为一颗“原子弹”。实际上也是这样，若增殖系数k大于1而不加控制的话，反应堆确实会发生爆炸，所谓反应堆超临界事故就属于这样一种情况。

但是，反应堆重达几百吨、几千吨，无法作为武器使用。而且在这种情况下，裂变物质的利用率很低，爆炸威力也不大。因此，要制造原子弹，首先要减小临界质量，同时要提高爆炸威力。这就要求原子弹必须利用快中子裂变体系，装药必须是高浓度的裂变物质，同时要求装药量大大超过临界质量，以使增殖系数k远远大于1。

在讲述原子弹的结构原理之前，我们先来介绍一下原子弹的装药。到目前为止，能大量得到、并可以用作原子弹装药的还只限于铀-235、钚-239和铀-233这三种裂变物质。

铀-235是原子弹的主要装药。要获得高加浓度的铀-235并不是一件轻而易举的事，这是因为，天然铀-235的含量很小，大约140个铀原子中才含有1个铀-235原子，而其余139个都是铀-238原子；尤其是铀-235和铀-238是同一种元素的同位素，它们的化学性质几乎没有差别，而且它们之间的相对质量差也很小。因此，用普通的化学方法无法将它们分离，采用分离轻元素同位素的方法也无济于事。

为了获得高加浓度的铀-235，早期，科学家们曾用多种方法来攻此难关。最后用“气体扩散法”终于获得了成功。

我们知道，铀-235原子约比铀-238原子轻1.3%，所以，如果让这两种原子处于气体状态，铀-235原子就会比铀-238原子运动得稍快一点，这两种原子就可稍稍得到分离。气体扩散法所依据的，就是铀-235原子和铀-238原子之间这一微小的质量差异。

这种方法首先要求将铀转变为气体化合物。到目前为止，六氟化铀是唯一合适的一种气体化合物。这种化合物在常温常压下是固体，但很容易挥发，在56.4℃即升华成气体。铀-235的六氟化铀分子与铀-238的六氟化铀分子相比，两者质量相差不到百分之一，但事实证明，这个差异已足以使它们分离了。

六氟化铀气体在加压下被迫通过一个多孔隔膜。含有铀-235的分子通过多孔隔膜稍快一点，所以每通过一个多孔隔膜，铀-235的含量就会稍增加一点，但是增加的程度是十分微小的。因此，要获得几乎纯的铀-235，就需要让六氟化铀气体数千次地通过多孔隔膜。

这也就说明，气体扩散法投资很高，耗电量很大，即便如此，这种方法目前仍然是实现工业应用的唯一方法。为了寻找更好的铀同位素分离方法，许多国家做了大量的研究工作，并且已经取得了一定的成绩。可以相信，今后一定会有更多更好的分离铀同位素的方法付诸实用，气体扩散法的垄断地位必将结束。

原子弹的另一种重要装药是钚-239。钚-239也是通过反应堆生产的。在反应堆内，铀-238吸收一个中子，不发生裂变而变成铀-239，铀-239衰变成镎-239，镎-239衰变成钚-239。由于钚与铀是不同的元素，因此虽然只有很少一部分铀转变成了钚，但钚与铀之间的分离，比起铀同位素间的分离来却要容易得多，因而可以比较方便地用化学方法提取纯钚。

铀-233也是原子弹的一种装药，它是通过钍-232在反应堆内经中子轰击，生成钍-233，再相继经两次β衰变而制得。

综上，后两种装药都是依靠铀-235裂变时放出的中子生成的，也就是说，它们的生成是以消耗铀-235为代价的，丝毫也离不开铀-235。从这个意义上来说，完全可以把铀-235称作“核火种”，因为没有铀-235就没有反应堆，就没有原子弹，就没有今天大规模的原子能利用。

枪式结构和内爆式结构

有了核装药，只要使它们的体积或质量超过一定的临界值，就可以实现原子弹爆炸了。只是这里还有一个原子弹的引发问题，如何才能做到不需要它爆炸时，它就不爆炸；需要它爆炸时，它就能立即爆炸呢？这可以通过临界质量或临界尺寸的控制来实现。

从原理上讲，最简单的原子弹采用的是所谓枪式结构。两块均小于临界质量的铀块，相隔一定的距离，不会引起爆炸，当它们合在一起时，就大于临界质量，立刻发生爆炸。但是若将它们慢慢地合在一起，那么链式反应刚开始不久，所产生的能量就足以将它们本身吹散，而使链式反应停息，原子弹的爆炸威力和核装药的利用率就很小，这与反应堆超临界事故爆炸时的情况有些相似。因此关键问题是要使它们能够极迅速地合在一起。

那么，方法就是，将一部分铀放在一端，而将另一部分铀放在“炮筒”内，借助于烈性炸药，极迅速地将它们完全合在一起，造成超临界，产生高效率的爆炸。为了减少中子损失，核装药的外面有一层中子反射层；为了延迟核装药的飞散，原子弹具有坚固的外壳。

1945年8月，美国投到日本广岛的那颗原子弹采用的就是枪式结构，弹重约4100千克，直径约71厘米，长约305厘米。核装药为铀-235，爆炸威力约为14000吨梯恩梯当量。

在枪式结构中，每块核装药不能太大，最多只能接近于临界质量，而决不能等于或超过临界质量。因此当两块核装药合拢时，总质量最多只能比临界质量多出近一倍。这就使得原子弹的爆炸威力受到了限制。

然而，在枪式结构中，两块核装药虽然高速合拢，但在合拢过程中所经历的时间仍然显得过长，导致在两块核装药尚未充分合并以前，就由自发裂变所释放的中子引起爆炸。这种“过早点火”造成低效率爆炸，使核装药的利用率很低。一千克铀–235（或钚–239）全部裂变，大约能释放18000吨梯恩梯当量的能量，一颗原子弹的核装药一般为15~25千克铀–235（或6~8千克钚–239），以此计算，美国投到日本广岛的那颗原子弹核装药的利用率还不到5%。

铀在正常压力下的密度约为19克/厘米，在高压下，铀可被压缩到更高的密度。研究表明，对于一定的裂变物质，密度越高，临界质量越小。根据这一特性，在发展枪式结构的同时，还发展了一种内爆式结构。这也是我国第一颗原子弹所采用的结构。

在枪式结构中，原子弹是在正常密度下用突然增加裂变物质数量的方法来达到超临界，而内爆式结构原子弹则是利用突然增加压力，从而增加密度的方法达到超临界。

在内爆式结构中，将高爆速的烈性炸药制成球形装置，将小于临界质量的核装料制成小球，置于炸药中。通过电雷管同步点火，使炸药各点同时起爆，产生强大的向心聚焦压缩波（又称内爆波），使外围的核装药同时向中心合拢，使其密度大大增加，也就是使其大大超临界，再利用一个可控的中子源，等到压缩波效应最大时，才把内心的核材料“点燃”。这样就实现了自持链式反应，导致极猛烈的爆炸，释放出大量核能。

内爆式结构优于枪式结构的地方，在于压缩波效应所需的时间较枪式结构合拢的时间短促得多，因而“过早点火”的几率大为减小。这样，内爆式结构就可以使用自发裂变几率较大的裂变物质，如钚–239作核装药。同时使利用效率大增。

美国投于日本长崎的那颗原子弹，采用的就是内爆式结构，以钚–239作核装药。弹重约4500千克，弹最粗处直径约152厘米，弹长约320厘米，爆炸威力估计为20000吨梯恩梯当量。

用原子弹引爆氢弹

原子弹的进一步发展就是氢弹，或称为热核武器。氢弹利用的是某些轻核聚变反应放出的巨大能量。它的装药可以是氘和氚，这些物质称为热核材料。按单位重量的物质计，核聚变反应放出的能量比裂变反应更多，而且没有所谓临界质量的限制，因而氢弹的爆炸威力更大，一般要比原子弹大几百倍到上千倍。

不过热核反应只有在极高的温度（几千万摄氏度）下才能进行，而这样高的温度只有在原子弹爆炸时才能产生，因此氢弹必须用原子弹作为点燃热核材料的“雷管”。

氢弹爆炸时会放出大量的高能中子，这些高能中子能使铀-238发生裂变。因此在一般氢弹外面包一层铀-238，就能大大提高爆炸威力。这种核弹的爆炸，经历裂变—聚变—裂变三个过程，所以称为“三相弹”。它的特点是成本低、威力大、放射性污染多。

还有一种新型核弹，即所谓中子弹。中子弹实际上可能是一种小型氢弹，只不过这种小型氢弹中裂变的成分非常小，而聚变的成分非常大，因而冲击波和核辐射的效应很弱，但中子流极强。它靠极强的中子流起杀伤作用，据称能做到“杀人而不毁物”。

我们看到，原子弹是用铀制造的，也可以用钚制造，但钚是通过铀而制得的。而氢弹则必须用原子弹来引爆。因此，归根到底，核武器、热核武器的制造都离不开铀。因此，在过去，在今天，在今后相当长一个时期内，铀都将作为最重要、最受人们重视的天然元素。

由于核爆炸释放出的能量特别巨大，所以它能使许多用其他方法不可能完成的工作得以完成。核爆炸可以用来开山、辟路、挖掘运河、建造人工港口等。例如，只需四次核爆炸就可开凿一个能停泊万吨巨轮的海港。首先，进行一次百万吨梯恩梯当量级的核爆炸，就可炸出一个直径300多米、深30多米的大坑。然后进行三次规模较小的核爆炸，开出一条运河来把大坑和深海连接起来（这样的爆炸当然应尽量减少放射性物质的产生）。只要经过几个月的时间，当海潮把产生的少许放射性物质冲走后，这个海港就可安全使用了。由于和平利用核爆炸的前景确实是令人神往的，我们相信，作为武器的原子弹和氢弹终究是要被消灭的。而作为放出巨大能量的核爆炸，将在和平建设中有着无限的应用前景。几代科学家的辛勤劳动成果，必将完全用来造福于人类。

“东方红一号”和航天器

我国第一颗人造卫星诞生

中国第一颗人造地球卫星“东方红一号”重量为173千克，比苏联（83.6千克）、美国（8.2千克）、日本（9.4千克）等国的第一颗人造地球卫星重量总和还要重。卫星的跟踪手段、信号传递方式、星上温控系统都超过了其他国家第一颗卫星的水平。

初踏征服太空之路

“东方红一号”卫星是中国的第一颗人造卫星，由以钱学森为首任院长的中国空间技术研究院研制，当时共做了五颗样星，结果第一颗卫星就发射成功。该院制定了“三星规划”：即东方红一号、返回式卫星和同步轨道通信卫星，孙家栋则是当时“东方红一号”卫星的技术负责人。1967年，党鸿辛等人选择了一种以铜为基础的天线干膜，成功解决在100℃至零下100℃下超短波天线信号传递困难问题。“东方红一号”卫星因工程师在其上安装一台模拟演奏《东方红》乐曲的音乐仪器，并让地球上从电波中接收到这段音乐而命名。

1957年著名科学家钱学森等积极倡议中国开展人造卫星的研究工作。1958年毛泽东同志发出“我们也要搞人造卫星”的号召。根据这一战略考虑，中国科学院把研制发射人造卫星列为1958年重点任务，揭开了中国向太空进军的序幕。广大科研工作者奋发图强，埋头苦干，克服困难，完全依靠自己的力量，踏上了征服太空之路。

开创中国航天新纪元

1970年4月24日，中国第一颗人造地球卫星在酒泉卫星发射中心成功发射，由此开创了中国航天史的新纪元，使中国成为继苏、美、法、日之后世界上第五个独立研制并发射人造地球卫星的国家。“东方红一号”卫星重173 千克，由“长征一号”运载火箭送入近地点441千米、远地点2368千米、倾角68.44度的椭圆轨道。它测量了卫星工程参数和空间环境，并进行了轨道测控和《东方红》乐曲的播送。

“东方红一号”卫星的主要任务是进行卫星技术试验、探测电离层和大气层密度。卫星为近似球形的七十二面体，直径约1米，采用自旋姿态稳定方式，转速为120转/分，外壳表面由按温度控制要求经过处理的铝合金为材料，球状的主体上共有四条二米多长的鞭状超短波天线，底部有连接运载火箭用的分离环。

“东方红一号”卫星设计工作寿命20天（实际工作寿命28天），期间把遥测参数和各种太空探测资料传回地面，至同年5月14日停止发射信号。

“东方红一号”卫星上天，在许多国家引起了强烈反响，国外纷纷发表评论称：这颗卫星发射成功，“体现了中国一直在依靠自己的力量为人类的幸福和进步进行宇宙开发”，“表明中国的科学技术和工业进步达到新高度”，“是中国科学技术和工艺方面取得的突出成就”，“中国掌握了先进火箭技术和制造出大型火箭的技能”。

“东方红一号”卫星是全国各族人民在中国共产党领导下艰苦奋斗的结晶，是中国工人阶级、解放军、知识分子的杰出贡献。在“东方红一号”卫星的研制过程中，我们依靠自己的力量，全国大协作，建立起了一个比较完善和健全的航天科学技术研究、设计、试验、制造及质量保障和管理体系，锻炼和造就了一支技术水平高、能打硬仗、善于攻关、专业配套、老中青相结合的航天技术队伍。历史会记住钱学森、赵九章、郭永怀、钱骥、陈芳允、杨嘉墀、王大珩、王希季、任新民、孙家栋等“两弹一星”元勋对中国第一颗人造卫星的杰出贡献。

“长征”火箭功绩显著

截至2008年年底，随着“长征”系列火箭将“神舟七号”飞船顺利托举上天，中国“长征”系列运载火箭已累计109次发射成功。

中国独立研制的“长征”系列运载火箭有“长征1号”“长征2号”“长征3号”“长征4号”和“长征5号”五大系列，共16个型号。火箭近地轨道、地球同步转移轨道的运载能力分别达到12吨和5.2吨，可用于发射多种轨道的不同卫星，入轨精度达到国际先进水平。

将“神舟七号”载人飞船送入太空的“长征2号F型”火箭，是中国目前唯一用于发射载人飞船的火箭。

“长征2号F型”火箭可靠性指标达到0.97，航天员安全性指标达到0.997，是中国航天史上技术最复杂、可靠性和安全性指标最高的运载火箭。火箭能够安全可靠地将飞船送入预定轨道，同时，在飞出大气层之前，若出现重大故障，能按救生要求使航天员安全脱离故障危险区。

到目前为止，“长征2号F型”火箭已经成功地将4艘神舟号无人飞船和3艘载人飞船送入太空预定轨道，发射成功率达到100%。

中国自1956年开始开展现代火箭的研制工作。1964年6月29日，中国自行设计研制的中程火箭试飞成功之后，即着手研制多级火箭，向空间技术进军。经过艰苦努力，1970年4月24日，“长征1号”运载火箭诞生，首次发射“东方红一号”卫星成功。中国航天技术迈出了重要的一步。现在，“长征”系列火箭已经走向世界，享誉全球，在国际发射市场占有重要一席。

赵九章——中国人造地球卫星第一人

赵九章，1933年清华大学物理系毕业，1938年德国柏林大学的博士，是我国现代气象学奠基人之一。他是推动我国动力气象学发展的第一人，我国开展海浪研究的第一人，我国开展现代空间物理学研究的第一人，在地球物理所提倡三化（即数理化、工程化、新技术化）的第一人……而其中最值得一书的是他的生命最后10年，参与创建了我国人造地球卫星事业。

卫星的酝酿

20世纪50年代初，国际上酝酿国际地球物理年（IGY 1957 ~ 1958年）计划时，科学家们就有发射火箭、人造卫星开展空间科学探测的设想。1957年10月4日，苏联成功发射了世界上第一颗人造地球卫星。这一消息震动了全世界。中国科学家也为之欢欣鼓舞。1957年10月13日，中国科学院召开了座谈会，会上赵九章和钱学森等许多著名科学家谈看法、提建议。赵九章接连应邀发表谈话、作报告、写文章，积极宣传发射人造卫星的重要性和深远意义，同时开始了调研工作，酝酿我国的研究计划。

1958年5月17日，毛泽东同志在中共中央八大二次会议上指出："我们也要搞人造卫星"。八大二次会议后，聂荣臻副总理责成中国科学院张劲夫和国防部五院王诤制订独立的空间技术体系规划。8月，张劲夫召集钱学森、赵九章等专家拟订我国人造卫星发展规划设想草案，成立了"中国科学院581组"。由钱学森任组长，赵九章任副组长，另一位副组长是地球物理研究所党委书记卫一清，专门研究我国的人造卫星问题，并把这一任务的代号定为"581任务"。

由赵九章主持的技术组，定期召开会议。与会专家根据各自擅长，提出许多科学建议和问题。经过反复讨论、综合分析，由赵九章负责提出总的方案。当时确定先搞火箭探空的箭头，分为高空物理探测和生物试验两种类型。各研究所日夜苦干，一两个月内完成了两种箭头模型，向国庆献礼，并参加了国庆期间开幕的中国科学院自然科学成果展览会。

但通过这一段工作，赵九章深深感到，冲天的热情不能代替科学。作为展览模型费了很大的劲，要能真正上天，工作还差得很远，对许多技术问题没有底，需要做实实在在的基础性工作。

从火箭探空开始

1958年10月，赵九章率代表团去苏联访问结束后，与代表团认真做了总结思考，对比了苏联和我国的情况，进行了冷静的分析，并深深地认识到发射人造卫星应立足国内，走自力更生的道路，靠外援是不可能的。要靠自己国家有强大的工业基础和较高的科技水平。我国空间探测事业要由小到大，由低到高，由初级到高级逐步发展。根据当时国内情况，发射卫星的条件尚未具备，应先从火箭探空搞起。

1959年1月，张劲夫提出，任务需要调整部署，“大腿变小腿，卫星变探空”。对这些指示精神赵九章完全赞同。在与卫一清、钱骥商量后，赵九章提出五项工作：以火箭探空练兵，高空物理探测打基础，不断探索卫星发展方向，筹建空间环境模拟实验室，研究地面跟踪接收设备。

从1959年到1964年，在赵九章、卫一清领导下的空间科研实体一直按照1959年提出的五项任务开展工作，各方面进展都很快。建立有总体研究室、中高层大气探测研究室、电离层研究室、遥测遥控跟踪定位研究室、空间光辐射实验室和空间磁场研究室等。人员规模也从1958年底的几十人到1964年的400多人。各研究室都为我国的卫星科学与技术做了大量预研工作。

赵九章对气象卫星的预先研究可以追溯到1960年。1960年4月美国首颗气象卫星发射成功，两个半月内共传回22952帧云图照片。赵九章即在空间光辐射室布置了气象卫星预研工作，从热敏电阻、硫化铅等元件测试，光电管扫描探测试验等入手，同时开展了气象卫星方案初步研究；指导研究生做二氧化碳和臭氧吸收光谱实验，研制多次反射吸收池，准备作长光路红外光谱实验；对气象卫星星载仪器也分析研究了多种方案；在数据处理方面经调查分析认为百万次的计算机便能满足基本要求。1964年就决策开始红外干涉光谱仪的原理样机研制。正是由于赵九章和空间光辐射室四年多的工作，才能在1965年的“651”会议上提出“气象卫星及其探测仪器”的报告。

空间环境模拟实验室的建设是为配合气象火箭研制进度要求，1959年地球物理所基本建成能进行高、低频振动、冲击和离心试验的力学环境模拟室。1959年至1964年，先后研制大型地面环境模拟设备，可对探空火箭箭头和整个卫星进行试验。这个实验室为我国卫星上天做了实实在在的准备。

方案论证与计划拟定

卫星轨道问题是赵九章首先提出并着重研究的课题。他认为，将一颗一米大小的卫星送入几百千米到上千千米之外，如果不能牢牢抓住它，就像几千米外的一只苍蝇，如何去找它？因此，1965年4月22日，赵九章亲自找数学家关肇直等人讨论轨道设计与计算工作。在他的主持下，中国科学院集中了最强阵容，由数学研究所、紫金山天文台和卫星总体组人员成立了“651”任务组，专攻卫星轨道计算这一关键课题。轨道计算工作先行，用当时我国最先进的109、119计算机进行了100多机时的计算，获得了肯定的结论，为领导决策提供了有力的依据。使地面跟踪台站建设、卫星发射靶场选择等工作能及早启动。

赵九章、钱骥领导的科研实体已有6年多的预研工作和技术积累，在上级部署下日夜紧张工作，工作进展很快。在原来的基础上，10天内如期拿出了规划设想和我国第一颗卫星的初步方案。把第一颗卫星命名为“东方红一号”，卫星是1米直径的近球形七十二面体。1965年10月22日举行了“651”会议（卫星方案论证会）。赵九章、钱骥在会上报告了我国研制卫星的总体方案，着重是第一颗卫星的方案。

“651”会议，一共开了42天，对涉及“东方红一号”大总体和卫星本体的许多关键问题都作了深入而广泛的研讨。经与会代表的集思广益，把这颗星的目标归结为“上得去、抓得住、听得着、看得见”12个字，确定于1970年发射。

当之无愧第一人

赵九章根据“651”会议精神，在设计院全面开展“东方红一号”卫星的方案设计，拟定各分系统设计指标，开展各分系统的设计和研制工作。在抓紧第一颗卫星工作的同时，赵九章与钱骥抓紧研究我国卫星系列发展规划。1966年5月召开了几次卫星系列规划设想讨论会，1966年5月19日赵九章在卫星系列规划论证准备会上作了《对我国卫星系列的规划设想》的报告。

然而，在大浩劫的背景下，1968年初进行了体制调整，赵九章这个所长、院长的工作无端地被停止了！

事实是，1968年前在赵九章、钱骥主持下我国第一颗人造卫星的初样星已基本完成，此后接替者在初样星基础上进行方案复审，继续完成试样星、正样星。正样星与初样星基本一致，没有大的改变，直到1970年4月24日卫星发射成功。可是就在这激动人心时刻的前18个月，1968年10月26日赵九章已被迫害致死……

祖国人民没有忘记他。1978年经邓小平批示，为赵九章平反昭雪。1985年6月，中国科学院申请国家级科技进步奖，其中一项："东方红一号及卫星事业的开创奠基工作"，该项目的重大贡献人员中赵九章被列为第一人。他的主要贡献有5条：适时向中央提出建议，使卫星事业得到及时的和顺利的发展；主持卫星总体方案的制定和实施；即时组织了测轨、选轨问题，赢得了时间，节省了资源，提高了水平；主持制定了卫星系列规划，为卫星的长远发展打下了基础；开创和主持我国卫星前期准备工作。

1997年10月赵九章90周年诞辰时，王淦昌、钱伟长、王大珩等42位院士签名倡议为赵九章树立铜像。约170位科技专家自愿捐款为塑造铜像提供经费。

1999年9月，中共中央、国务院、中央军委隆重举行大会，表彰为"两弹一星"作出突出贡献的科技专家，颁发"两弹一星功勋奖章"。赵九章是获奖者之一，他当之无愧！

三大天地往返航天器

太空中危机密布，险象环生！人类要实现探索太空、遨游太空、移民太空的伟大壮举，必须战胜横在人类面前，阻碍飞天之路的重重危机。多种载人航天器的问世和不断完善是载人航天发展的必然……到目前为止，世界上共研制出3种载人航天器，即载人飞船、航天飞机和空间站。它们各有所长、优势互补。其中，前两种主要用作天地往返运输器，是运送航天员和货物的工具。而当人类不再满足于在太空中做短暂的旅游时，为了开发太空，人类建立了可以长期生活和工作在其中的太空基地——空间站。

人造卫星的运输机：运载火箭

我们都看到过人造卫星，它是怎么上天的呢？原来靠的是火箭。火箭是什么东西？简单地说，火箭就像一个爆竹，只不过它的一头是箭头状的，“肚子”里面装了许多燃料和助燃物品，当燃料燃烧时往后喷出的气体就把火箭反冲向前进，和爆竹蹦上天是一样的道理。如果把卫星装在火箭上，卫星就能够搭乘火箭上天了。

从天体力学知道，一颗卫星要不下坠绕地球飞行，速度至少需要达到每秒7.9千米。这就要求火箭带有大量的燃料，火箭势必要做得十分庞大，这对发射和飞行都十分不利。为了既有高速度又不使火箭太笨重，科学家们动了不少脑筋，设计出了多级火箭，头尾相接地接在一起。

尾部的一级火箭先燃烧，带着前几级一起上升，当燃料用完后，它自动脱离而掉下来，同时第二级火箭开始发动，燃料用完后自动脱离掉下，接着又发动第三级……这样一级一级加速上升，而整个重量则越来越小，直至装在最头上一级火箭上的卫星被送到预定的高度时，它的速度已达到了每秒7.9千米以上，能够摆脱地心引力而逃逸，即飞出地球后不需动力都不会掉下来。这时火箭把卫星由舱内弹出，于是人造卫星便开始绕着地球运转起来。

同时，由于最后一级火箭与卫星一起具有这么大的速度，因而在卫星发射后的短时间内，常可以看到人造卫星后面还有一个亮点在一闪一闪地跟着跑，这就是最后一级火箭，但火箭的速度比卫星小，体积又比卫星大，受到的空气阻力也大，因而往往在空中存在不了太长时间。

载人航天器

当火箭一级一级脱落完毕后，不同的航天器就升空成功了，那么，不同的航天器都有着怎样的功用呢？航天飞机又称为太空梭或太空穿梭机，是可重复使用的、往返于近地轨道和地面之间的航天器，结合了飞机与航天器的特点。它既能代替运载火箭把人造卫星等航天器送入太空，也能像载人飞船那样在轨道上运行，还能像飞机那样在大气层中滑翔着陆。航天飞机是人类自由进出太空的杰出工具，它大大降低了航天活动的费用，是航天史上的一个重要里程碑。

航天飞机一般由轨道器、两台固体火箭助推器和液体推进剂贮箱一起上升。起飞约2分钟，助推器发送机内燃料燃烧完毕后，在高空与轨道器分离，降落回收。起飞约8分钟，轨道器的主发动机关掉，抛掉推进剂贮箱。这时的轨道器已成为一个大型的载人航天飞机，由自己推动继续上升入轨，执行任务。

载人飞船相对航天飞机规模较小、技术难度也低、费用也较少，因而是被最先使用或正在使用中的一种载人航天器。它可以按照载运对象、飞行任务等的不同分为载人飞船、货运飞船和载人货运混合飞船，或分为卫星式载人飞船（绕地球运行）、登月式载人飞船和行星际载人飞船。

空间站可在近地轨道上长时间运行，供多名宇航员在其中生活和工作。小型的空间站可一次发射完成，较大型的空间站可分批发射组件，然后在太空中组装成为整体。空间站配备了人类生活所需要的一切设施，包括宇航员的居住舱、试验舱等。因此，比起前面两个航天器，空间站就比较特别了，它号称太空里的“诺亚方舟”。

太空“诺亚方舟”——空间站

享有“诺亚方舟”之称，是因为空间站是人们长期在太空生活和工作的基地。下面我们介绍几个有代表性的空间站。

“礼炮”号空间站是苏联第一个载人空间站系列。自1971年4月到1983年底，苏联共发射了7个“礼炮”号空间站。“礼炮”号空间站由对接舱、轨道舱和服务舱3个部分组成，总质量约18吨，总长约14米。

“礼炮”1~5号的对接舱有一个供“联盟”号载人飞船对接的舱口，宇航员由此进入空间站。轨道舱由两个圆筒组成，是宇航员工作、进餐、休息的场所，舱内的小气候保持与地面相似。“礼炮”号空间站一般在离地面200~250千米高的轨道上运行。

“和平”号空间站是俄罗斯（原属苏联）的第二种载人空间站，也是世界上第一个多舱对接组合的、长期性、可变换功能的载人空间。它于1986年2月20日发射升空，运行在离地面350~380千米的轨道上。

15年来， 共有31艘载人飞船、62艘货运飞船和9架次美国航天飞机轨道器与“和平”号实现对接，有28个长期考察组和16个短期考察组先后访问过“和平”号。2001年，“和平”号空间站结束了它的服役生涯，残骸坠入南太平洋海域。

“国际”空间站是以美国、俄罗斯为主，联合加拿大、日本、巴西、欧洲空间局共16个国家正在建造中的空间站。1998年11月20日，俄罗斯成功地把“国际”空间站的第一个组件——“曙光”号核心功能舱送上太空。12月14日，美国航天飞机将“团结”号节点1号舱送上太空，随后又陆续发射服务舱、双货舱型空间居室、美国试验舱、多用途的后勤和气闸舱。2001年11月2日，3名宇航员入驻“国际”空间站，成为该站的第一组成员。

中国空间站展望：中国计划建设一个基本型空间站。该空间站大致包括一个核心舱、一架货运飞机、一架载人飞船和两个用于实验功能的试验舱，总质量在100吨以下。其中的核心舱需长期有人驻守，能与各种试验舱、载人飞船和货运飞船对接。中国的首个空间站建成后，其核心舱可以不断加舱。2008年，中国发射了“神舟七号”载人飞船，实现了宇航员出舱活动；2012年6月24日，“神舟九号”与“天宫一号”首次手控交会对接成功。这意味着中国航天人继突破天地往返、出舱活动技术之后，完整掌握载人航天三大基础性技术的最后一项——空间交会对接技术，至此，中国成功叩开了空间站时代的大门。

载人航天——飞出地球的襁褓

中国航天工程十年成就辉煌

人类几千年的漫长历史就是一部不断向未知世界进军、扩大认识世界的历史。自1911年现代航天奠基人——苏联科学家齐奥尔科夫斯基提出："地球是人类的摇篮，但是人类绝不会永远躺在这个摇篮里，而会不断探索新的天体和空间"的著名感召以来，一代又一代航天人为人类探索和进入太空这个宏伟目标而不懈努力奋斗。至今世界上共进行了250多次载人航天飞行，将900多名航天员送入太空。

国家重点工程

我国曾于1970年7月14日启动载人航天工程，工程代号为"714"，飞船取名为"曙光号"，由于当时国家经济和技术基础薄弱，工程很快下马。1986年载人航天重新被列入863计划，1992年9月21日党中央批准中央专委《关于开展我国载人飞船工程研制的请示》，正式启动载人航天工程，工程代号为"921"。

工程确定"三步走"战略：第一步发射载人飞船，第二步发射空间实验室，第三步发射空间站。工程第一步明确四项基本任务：掌握载人航天基本技术，初步建成天地往返运输系统，为空间大系统积累经验。2003年和2005年，我国成功发射了"神舟五号"和"神舟六号"两艘载人飞船，圆满完成了工程第一步任务，并于2008年完成航天员空间出舱活动，进入工程第二步实践活动。第三步是建造空间站，解决有较大规模的、长期有人照料的空间应用问题。

进入21世纪的十年来，中国航天事业实现快速发展，载人航天、月球探测等航天重大科技工程取得突破性进展，空间技术整体水平大幅跃升，空间应用的经济与社会效益显著提高，空间科学取得了创新性成果。

载人航天发射试验

载人航天工程实施以来，进行了1次零高度逃逸救生飞行试验、4次无人飞行试验和两次载人航天飞行。“神舟一号”的首飞成功，“神舟二号”的艰难曲折，“神舟三号”的一波三折，“神舟四号”的低温严寒，“神舟五号”的壮美腾飞，“神舟六号”的风雪出征，“神舟七号”的成就经典，使我们一次次感受到载人航天的艰难曲折和辉煌壮丽。

一、首战告捷，零高度逃逸飞行试验圆满成功

零高度逃逸救生飞行试验，是我国航天史上第一次带有载人性质的飞行试验，主要模拟运载火箭在发射台上出现故障时，逃逸飞行器处于“零高度”“零速度”初始条件下的逃逸救生飞行试验。由于此次试验为研制性飞行试验，所有产品皆为初样状态，试验的风险和难度很大。零高度逃逸救生飞行试验虽然只是一项研制阶段试验，但至关重要。因为只有成功，才能决定1999年是否执行首次无人飞行试验。

1998年，北京时间10月19日9时，由火箭故障检测处理系统地面逃逸测试微机自动发出“逃逸”指令，逃逸飞行器从发射阵地离台起飞，整个飞行过程中点火时序正确，返回舱与逃逸飞行器正常分离，伞系统正常工作，最后安全着陆于距发射点2190米处，试验获得成功。

二、争八保九，首艘无人飞船按计划发射升空

“神舟一号”无人飞行试验，是我国载人航天工程实施以来的首次飞行试验，是对工程各大系统从设计到研制建设的一次最实际、最全面的考核，能否按计划在1999年实施发射，对整个工程计划具有战略性意义。

1999年10月9日开始进入首次无人飞行试验任务实施阶段，各系统按既定流程开展工作。火箭于11月19日实施推进剂加注，11月20日火箭准时点火起飞，飞船按预定程序在轨运行14圈后，返回舱于11月21日凌晨顺利在内蒙古苏尼特右旗赛汉塔拉主着陆场着陆，首次飞行试验获得圆满成功。首次飞行试验的圆满成功，使广大技术和管理人员获得了大量宝贵经验，为更好地完成工程后续任务奠定了坚实基础。

三、千年等一回，“神舟五号”载人飞船壮美腾飞

“神舟五号”载人飞船发射是我国首次载人航天飞行，其主要任务是将1名航天员顺利送入太空，在轨运行1天后安全返回地面。党中央、国务院、中央军委对实施首次载人航天飞行任务高度重视。

2003年8月5日“神舟五号”飞船空运进场，8月23日“长征2号F”火箭进场，各大系统按流程顺利开展发射场测试工作，并由杨利伟担任首飞航天员。10月12日，首飞航天员乘组进场，进行发射前的最后准备。10月14日实施火箭推进剂加注，任务进入最后的发射阶段。10月15日凌晨6时15分航天员杨利伟登舱。9时整火箭准时点火发射，起飞后587.5秒船箭分离，飞船进入预定轨道。飞船按预定程序运行14圈后，返回舱于10月16日6时23分安全准确着陆，航天员杨利伟自主出舱，健康状况良好。至此，我国首次载人航天飞行任务宣告圆满成功。

首次载人航天飞行任务的圆满成功，是继“两弹一星”工程之后我国的又一伟大科技成就，是中国航天史上的又一个里程碑，它标志着中国人民在攀登世界科技高峰的新征程上迈出了具有重要历史意义的一步。

四、风雪出征，“神舟六号”载人飞船再创辉煌

“神舟六号”载人航天飞行是我国实施的第二次载人航天飞行任务。此次任务不是“神舟五号”的简单重复，其任务意义被赋予了崭新的内容，其技术状态也发生了许多变化。在“神舟五号”载人航天飞行成功的基础上，要将两名航天员顺利送入太空，在轨运行5天后安全返回地面，目标是实现多人多天在轨飞行和航天员参与空间实验操作，是真正有人参与的载人航天飞行任务。

2005年7月13日“神舟六号”飞船空运进场，8月9日“长征2号F”火箭进场。任务实施过程中，妥善处理了火箭控制系统配电器触点异常搭接等16个故障。10月12日1时进入临射8小时程序，此时天公不作美，风、雨、雪交加，风速一度达到16米/秒，全体参试人员心中涌上了一丝紧张的情绪。在中心气象人员的准确预报下，航天员按预定时间冒雪出征。12日9时整火箭准时点火起飞，588.855秒后飞船准确进入预定轨道。飞船在轨运行5天后，返回舱于10月17日4时33分安全着陆，费俊龙、聂海胜两名航天员自主出舱，身体健康状况良好，第二次载人航天飞行任务获得圆满成功。

第二次载人航天飞行任务，我国首次向全世界直播发射现场实况，举世瞩目，是继首次载人飞行任务成功之后，又一次向全世界展示我国改革开放以来建设发展伟大成就和高科技水平的重大科技实践活动。作为我国载人航天工程第二步任务的开篇之作，“神舟六号”载人航天飞行时机十分特殊，具有特殊的意义。

五、太空漫步，“神舟七号”载人飞船成就经典

“神舟七号”载人航天飞行任务，是举世瞩目的科研试验任务。2008年9月25日21时10分，承载国人太空漫步梦想的“长征2号F”火箭烈焰飞腾，刺破夜空，直入苍穹。在飞行约578秒后船箭分离，飞船准确入轨。27日下午34分至17时00分，航天员翟志刚身着中国研制的“飞天”舱外航天服，成功实施了空间出舱活动，茫茫太空中第一次留下了中国人的足迹。在飞行2天20小时27分钟，绕地球45圈后，“神舟七号”飞船返回舱顺利着陆，航天员安全返回，成功实现了“准确入轨、正常运行，出舱活动圆满、安全健康返回”的任务目标，被外界誉为“教科书式的完美”。

这一举世瞩目的伟大成就，是我国载人航天事业发展史上又一重要里程碑，是我国建设创新型国家取得的又一标志性成果，是中国人民攀登科技高峰的又一伟大壮举，向世界宣告中国已成为世界上第三个独立掌握空间出舱关键技术的国家。

六、交会对接，“神舟八号”完成地面控制精确“天吻”

2011年11月1日5时58分发射升空的“神舟八号”的最大使命是追赶并“亲吻”在天际苦苦等待的“天宫一号”。虽然没有载人，但是“神舟八号”仍然引起了高度关注，这时因为交会对接作为载人航天工程中不可或缺的环节，具有里程碑意义。

11月3日1时36分，“神舟八号”与“天宫一号”在太空成功实现首次交会对接。两个高速飞行的航天器，在茫茫太空中深情“相吻”，这奇妙的天空之“吻”，定格成一幅动人画面，将永远镌刻于中国航天事业的史册。

11月14日20时，在北京航天飞行控制中心的精确控制下，“天宫一号”与“神舟八号”成功进行了第二次交会对接。这次对接进一步考核检验了交会对接测量设备和对接机构的功能和性能，获取了相关数据，达到了预期目的。11月17日19时32分，“神舟八号”飞船降落在内蒙古四子王旗主着陆场。“天宫一号”与“神舟八号”交会对接任务取得圆满成功。

七、“神舟九号”首次人控交会对接

2012年6月16日18时37分放射升空的“神舟九号”飞船的任务也是实现和“天宫一号”的交会对接，但与“神舟八号”不同的是，实现人控交会对接是它的新使命。

在太空，“天宫一号”和“神舟九号”飞船都是高速运行的，时速达到2.8万千米以上。在对接过程中，哪怕很小的误差，都可能让飞船错离目标飞行器，或者造成可怕的追尾。因而，对于精确度和准确性的要求是非常严格的。

6月18日14时14分，“神舟九号”飞船与“天宫一号”目标飞行器成功实现交会对接。17时7分，“神舟九号”航天员进入“天宫一号”实验舱，标志着中国航天员首次访问在轨飞行器获得圆满成功。6月24日，在距地球340多千米的近地轨道，3名中国航天员圆满完成“神舟九号”与“天宫一号”的手控交会对接任务。6月29日上午10时3分，“神舟九号”飞船遨游太空303小时16分钟后，平安降落在内蒙古四子王旗主着陆场。中国首次载人交会对接任务取得圆满成功。

此次载人交会对接的成功，标志着中国人已经具备了向在轨航天器进行人员输送和物资补给的能力。天地往返、出舱活动、交会对接……随着完整掌握载人航天三大关键技术，中国开始迈向空间站时代。

“神舟”总设计师戚发轫

戚发轫，空间技术专家，神舟飞船总设计师。辽宁省瓦房店市人。1956年加入中国共产党。1957年毕业于原北京航空学院（现北京航空航天大学），分配到中国运载火箭技术研究院工作。1976年调入中国空间技术研究院从事卫星和飞船的研制，曾任研究院副院长、院长，同时担任过多个卫星型号和飞船的总设计师。现任中国空间技术研究院技术顾问，兼任北京航空航天大学宇航学院院长、名誉院长，博士生导师，国际空间研究委员会中国委员会副主席。

多年功力一朝显现

1957年，出航空学院校园的戚发轫来到了刚成立不久的国防部第五研究院。这是新中国第一个为研制导弹、火箭而成立的研究院。神秘之色包裹了身处这所研究院内的人们。可导弹比他们本人更神秘。为了揭开导弹头上的神秘面纱，钱学森院长亲自给他们主讲《导弹概论》。一群纯粹的门外汉，被前行的战车牵引着拉进了导弹研究的大门。从此，戚发轫就正式成为了航天事业的一块“砖”，哪里需要就往哪里添。

20世纪50年代末到60年代初，意气风发的戚发轫参与了中国第一枚仿制导弹“东风”一号的研制工作。

1966年，因承担“两弹结合”任务而进入酒泉发射场的戚发轫，在戈壁荒原上一连奋战了5个月。这年10月底，他们终于盼来了中国首枚导弹核武器发射的时刻。那天上午，伴随着一声巨响，离弦之箭准确命中目标，发射试验取得圆满成功。

搞过导弹之后，戚发轫又参与了中国长征一号运载火箭的结构和总体设计。正当他打算在火箭研制的天地大干一番之时，聂荣臻元帅亲自批准把他和另外17人（被人称为“航天十八勇士”）调往新成立的研制卫星的研究院，也就是后来的中国空间技术研究院。

1968年，戚发轫的工作正式从火箭研制转向卫星研制，并成为中国自行研制的第一颗卫星——“东方红一号”的技术负责人之一。

此后，他当过多颗通信卫星的总设计师，直到担任飞船总设计师。

没有刻意追求，中国航天史上许多的“第一”自然而然地融入戚发轫的生命中：第一颗导弹、第一枚运载火箭、第一颗卫星、第一艘试验飞船，都让他赶上了。

从“东方红”改执“神舟”帅印

戚发轫自1957年从北京航空学院毕业进入航天领域工作至今的40多年间，不仅亲自参加了中国第一颗卫星——“东方红一号”的研制工作，而且主持过“东方红二号”“风云二号”“东方红三号”等6种卫星的研制，还亲自组织了10余次卫星发射任务。1992年，他走马上任“神舟”飞船总设计师之职。

飞船总设计师，一个外人眼中光环笼罩的职位。可是有谁能够想到这项工作背后的艰辛！

当上级领导让他从东方红三号卫星总设计师的角色转换到飞船总设计师时，他对以前的岗位有些难以割舍。因为自1968年开始，他是亲眼看着中国的通信卫星完全依靠中国人自己的力量诞生、发展继而一步步走向成熟的。从第一颗试验通信卫星到“东方红二号甲”到“东方红三号”，设计寿命越来越长，通信容量越来越大，技术上不断上台阶。研制的过程中，他和他的研究队伍间结下了深厚的情谊。

他的留恋也有一点“私心”：已是59岁的年龄，还要像年轻人一般去自己不熟悉的领域学习新东西吗？造飞船不同于搞卫星，要胜任总设计师的职务，要绕过一系列的“关口”。此外，载人航天的风险显而易见，担当重任首先就要具备能够坦然面对风险的承受能力。戚发轫为此有些犹豫。

不过，与以往历次接受新任务、转换新角色一样，想到组织的信任，他执掌起了飞船设计的帅印。在临近花甲之年，戚发轫步入了人生又一个需要探索的新天地——研制飞船。

飞天路上波折多

“神舟三号”飞船发射之后，有专家发现一个不安全因素：在进行大气层外救生时，由于运载火箭燃料未用尽，而火箭与飞船的分离速度又不够，有可能造成空中“追尾”事故。万一爆炸，可能直接危及飞船与航天员的安全。为了避免这一事故的发生，就要增加火箭与飞船的分离速度，戚发轫立即组织科研人员对飞行程序、飞行软件等进行修改，竭力阻止火箭与飞船在空中“接吻”。

几年来，戚发轫和他的同事们为增强飞船的可靠性与安全性绞尽了脑汁，发现问题，解决问题半点不敢懈怠。排除各种疑虑，使航天员有了平安出征更好的保证。

令戚发轫深感欣慰的是，从1999年11月20日发射“神舟一号”试验飞船，四艘无人飞船已相继经受了太空的洗礼，每一次发射都是一次新的跨越，航天员“一步登天”的天梯，在一次又一次的跨越中搭建完成。

深空探测了不起

载人飞行是宇宙飞行的高级形式，要实现载人飞行必须保证航天员的生命安全不受太空环境的影响。保护航天员的生命安全是最重要的，应放在首位。为此，需要先用动物在外层空间充当载人飞行的“先遣部队”。继1957年10月4日成功发射世界上第一颗人造地球卫星后不久，苏联又于1957年11月3日把“卫星2号”送入太空。它不仅是世界上第二颗人造地球卫星，而且是世界上第一颗生物卫星，载有小狗莱伊卡，也就是说，小狗莱伊卡是进入太空的第一只动物，它为人类做出了开拓性的贡献。但这只是深空探测的第一步，之后的太空舱及宇航员仍将面临重重考验和挑战。

安全的太空舱

在外部条件都安全稳妥的前提下，还需要一个高精度、高安全度的载人飞船，目前的载人飞船按照结构形式有一舱式、二舱式和三舱式3种。一舱式只有航天员的座舱；二舱式由座舱和服务舱组成；三舱式最复杂，是在二舱式的基础上增加了一个轨道舱而成。我国的“神舟”号就属于三舱式现代飞船。

我国的“神舟”飞船由轨道舱、返回舱和推进舱组成，总长约7.4米，最大直径2.8米，总质量约为8000千克。轨道舱呈圆筒形状，是飞船在太空中运行时，航天员工作、生活和休息的地方。在轨道舱的外部，装置太阳能电池帆板，给轨道舱提供电能，舱体是密封结构。返回舱呈钟形，是飞船的指挥控制中心，可同时容纳3名航天员搭乘。推进舱（又称服务舱）呈圆柱形，不是密封结构，其使命是为飞船提供姿态调整和进行轨道维持所需的动力，其外部两侧也装置了太阳能电池帆板，为飞船提供了所需的电能。

为了打造特别安全可靠的飞船，飞船中设置了环境控制和生命保障系统、应急救生系统和热控制系统三个极重要的系统：

一、环境控制和生命保障系统

该系统由供气、供水、大气净化、温度湿度控制、废物处理及防火等部分组成。

供气：保证舱内具有合适的大气压和大气成分。因为一旦人体周围失去大气压力，血液就会沸腾，人就会立即死亡。因此，人不仅要吸收氧气，而且周围必须有合适的大气压力。苏联的载人飞船舱内的大气是氧和氮的混合气体，压力和地球上海平面的压力相同，而美国的载人飞船舱内采用纯氧，其舱内压力仅为海平面大气压的三分之一。舱内压力降低可以使舱壁减薄、使座舱的重量减轻，这对发射大有好处（可以相应降低发射功率），但利用纯氧却容易起火。

目前，飞船上氧气供应有这样几种方法：一是用高压气瓶储存，通过供气调节系统向舱内供氧。二是用液氧供氧，此法可大大减少氧气储存容积，但必须保持在零下183℃，超低温技术比较复杂。三是采用超氧化物供氧，如用1千克超氧化钾与水反应后就能生成0.15千克的氧气。

供水：在短期飞行中，饮用水可从地面带上去，但必须配套增压水箱，以克服失重影响，使水能作定向流动。

空气净化：座舱内的空气污染来自航天员自身和某些金属材料及设备加热后的挥发。二氧化碳是座舱内主要的有害气体，一个人一天平均能呼出490升二氧化碳。因此舱内的通风净化设备必须不停地吸收航天员呼出的二氧化碳气体并进行过滤和净化，否则舱内二氧化碳浓度迅速上升会危及航天员的健康甚至生命。二氧化碳净化主要采用氢氧化铝或氢氧化钾作为吸收剂。

温度、湿度控制：座舱内的热量主要来自人体、仪器设备工作时产生的热量和来自外部的热量。座舱内的水汽主要来自人体呼吸和体表的蒸发。为保证舱内有正常的温度和湿度，必须对其进行控制。主要通过风机、冷凝干燥热交换器及汽水分离装置实现舱内温度和湿度的控制。“神舟六号”飞船舱内，为了使航天员处于适宜的温度、湿度中，特别设计了一个类似冰箱制冷系统的流体冷却回路，这个回路贯穿于整个飞船，由管路和管路内用来收集设备热量的冷板、用于调节空气温度和湿度的冷凝干燥器以及飞船尾部排散热量用的辐射器组成。最后将收集到的全部热量通过一个装置排放到太空中去。

二、应急救生系统

这个系统必须贯穿在飞船从发射到回收的五个阶段（待发射、发射上升、轨道运行、返回、着陆）。

待发射阶段逃生：一旦出现危险，航天员应迅速撤离发射台。在听到地面指挥的命令后，应快速打开飞船舱门，以最快的速度跑出来，此时舱门正对着发射塔架的第九层（酒泉卫星发射场），旁边设置着逃逸口，航天员必须不顾一切跳下去，但九层塔架有十几层楼高，会不会摔死？当然不会，因为该逃逸装置是一条长长的尼龙口袋，航天员只需用手、脚、胳膊等抵住口袋壁，可控制下滑速度，口袋底部是海绵软垫，可防止摔伤，从口袋里钻出来，就是地下安全隐蔽室，沿着一条通道就可逃离危险区。

发射台逃生：必须迅速停止火箭发射，实施紧急关机。这是发射台上火箭出现意外的常用方法。

低空逃生：火箭一旦从发射台上起飞，正如开弓没有回头箭一样，这时的逃生必须使飞船船体离开出现故障的火箭。早期的逃生是采用“弹射座椅”，由于该座椅不是密封的，弹射后会受到超压、气流和火箭爆炸散件的威胁，甚至还会出现弹射不出去的可能。后来则改进为逃逸塔方法，我国的“神舟”五号、六号飞船上都装置了逃逸塔，它可以在火箭起飞前300秒到起飞后的120秒时间段内，也就是飞行高度在39千米内，它顶端的11个火箭推进器可以拽着轨道舱和返回舱与火箭分离，并降落在安全地带，可以帮助航天员逃离危险区安全着陆。

三、热控制系统

该系统能确保飞船座舱内舒适如春。通常要求座舱内能保持21℃±3℃

温度、相对湿度为25%~65%，通风为每秒0.1~0.7米。要达到这样的要求，必须采用热控制技术，因为太空是一个极其严酷的生态环境：在太阳直接照射下，飞船表面的温度可高达100多摄氏度，而背对太阳时温度会下降到零下100多摄氏度，在太空中飞行的飞船几乎每隔90分钟就要碰到一次这种忽高忽低的温度变化。另外飞船内有数百台设备工作时也将散发出大量的热量，这还不包括人体产生的热量。

为了保证航天员在舱内始终处于所要求的温度、湿度范围内，必须将散布在舱内多余的热量收集起来并排放出去，实现对舱内空气温度、湿度、风速和仪表设备的综合控制，这就是热控制系统。

此时，我们可以有把握地说，用上述系统打造的飞船一定是特别安全和舒适的飞船，何惧太空中危机密布！

太空行走不一般

在太空迈开步子并非易事。微重力的环境让身体变得难以控制，空间知觉也会发生紊乱。所以在太空行走之前要进行大量模拟真实场景的训练。如果没有做好准备就贸然登空，航天员会出现严重的空间运动病。

失重环境里的太空行走基础训练包括稳定身体或将其固定于特定位置或角度；训练利用绳索给身体定向；训练将身体移向特定的目标与方向；运动并掌握节省体力消耗的技巧；防止身体失控的各种技巧。

体验失重的最好办法就是制造一个太空环境，但是在地面上很难做到。人们发明了下面几种模拟太空环境的设备：

落塔：当电梯缆绳突然断裂时，轿厢内的人会有失重的感觉。但这类装置对人体冲击很大且形成失重的时间太短，已很少作为航天员训练设施。

失重飞机：用飞机作抛物线飞行可产生30秒左右的失重。做抛物线飞行的飞机先以45度角急速爬升，经过一段平飞后，再以45度角下降。机舱内的人员可以在平飞阶段体验到30秒钟的失重。失重飞机通常是由喷气式运输机改装而成，舱内宽敞，能容纳多人和设备进行训练。在失重飞机内的训练分为两类：一类是感受和体验失重环境；另一类是太空行走训练——航天员演练太空行走时的各种操作和技能。

中性浮力水槽：由于失重飞机产生的失重时间太短，不能满足长时间训练的需要，所以宇航员在训练时，更多采用在大型水池中进行的水下模拟训练的方法。中性浮力水槽其实是一个容积很大的水池，因为浮力与重力相互抵消，身着舱外宇航服的受训者就能产生类似失重的感觉。水中训练不受天气和时间的影响，可以长时间进行复杂的舱外操作演练。国际空间站的航天员甚至可以进行长达7小时的太空行走，这与大量的水槽训练是分不开的。

重力模拟：在外星球表面的太空行走训练往往在正常重力下的地面上进行。在“阿波罗”登月计划中，为了让航天员掌握月面地质考察的技巧，地质考察训练专门选在地球上的荒凉地区进行。为了让航天员体会1/6重力下行走的感觉，把他们吊在绳索上前进，绳索的拉力抵消了5/6的体重。

以上技术都曾被用在太空行走的训练中。近年来失重飞机和中性浮力水槽的使用率独占鳌头，虚拟环境与它们的结合将是未来的发展方向。但是所有这些模拟都比不上真实环境的考验。航天员在踏上月球后，经过多番尝试才发现1/6重力下的最佳步态是像兔子一样双足齐蹦。

世界一大奇迹——“杂交水稻”

小小种子改变世界

20世纪60年代初期的三年困难时期，天灾人祸使数千万中国人民吃不饱，20世纪90年代后期，美国学者布朗更是抛出“中国威胁论”，撰文说到21世纪30年代，中国人口将达到16亿，到时候谁来养活中国，谁来拯救由此引发的全球性粮食短缺和动荡危机。

开启杂交水稻王国大门

水稻是最重要的粮食作物之一，全世界一半以上的人口，共有30多亿以大米为主食。世界上每天都有2万多人死于饥饿或与饥饿有关的原因，8亿人食不果腹。随着人口的增加和农田的减少，因干旱、贫穷等原因带来的粮食短缺问题将更加严重。水稻产量、品质的提高，对于国计民生、社会稳定与粮食安全都具有至关重要的意义。

三年困难时期，20多岁的袁隆平正在湖南安江农校教书，当时的粮食紧缺问题让他深受触动，因此他下定决心让天下百姓吃饱饭，下定决心研究高产水稻。经过不断地潜心实验，1972年是袁隆平水稻杂交出成果的关键一年，可试验的结果只表现在禾苗长势上，除了稻草比常规稻多一倍之外，稻谷没有表现出增产优势。当时，杂交水稻怀疑论者嘲讽地说：“可惜人吃的是饭，不吃草。”袁隆平顶住巨大压力，认真分析试验后判断：这次失败，恰好证明了杂交水稻具有优势，关键是将这种优势向稻谷发展。

在他的指导下，研究人员调整了品种组合。事实证明，他的判断没有错，1973年袁隆平率领科研团队开启了杂交水稻王国的大门，水稻亩产达到505千克，比常规水稻增产30%。

1973年10月，袁隆平发表了题为《利用野败选育三系的进展》的论文，正式宣告我国籼型杂交水稻“三系”配套成功。这是我国水稻育种的一个重大突破。

20世纪70年代，我国通过对杂交水稻的成功研究，最终将水稻亩产从300千克提高到了800千克，并推广2.3亿多亩，增产200多亿千克，这样的奇迹使世界震惊了，美国、日本、菲律宾、巴西、阿根廷等100多个国家纷纷从我国引进杂交水稻。我国的杂交水稻一般比当地品种增产20%至30%，最高增产50%。

1986年，袁隆平在论文《杂交水稻的育种战略》中提出将杂交稻的育种从选育方法上分为三系法、两系法和一系法三个发展阶段，即优势利用朝着越来越强的方向发展，根据这一设想，杂交水稻每进入一个新阶段都将是一次新突破。

“杂交水稻外交”

全世界有超过8亿饥饿人口，全球平均每天有两万多人死于饥饿，其中近一半是儿童。解决中国人吃饭问题的袁隆平将目光投向了全世界为饥饿所困的人。

从1979年首次走出国门，在美国开花结果开始，目前中国杂交水稻已在世界上30多个国家和地区进行研究和推广，种植面积达到150万公顷。

从1995年开始，菲律宾把发展杂交水稻作为解决粮食和发展经济的战略决策来抓。2005年种植杂交水稻面积达37万公顷，平均每公顷6.5吨，比其全国水稻平均单产高80%。尝到甜头的菲律宾政府，开始大面积发展杂交水稻，实现国内粮食自给。

印度尼西亚粮食多年不能自给，是世界最大的大米进口国。2001年，首批中国杂交稻在印尼5个省10个试验点试种，单产普遍达到每公顷8吨以上，最高达12吨，而原来的常规水稻每公顷的产量只有4.5吨。

马来西亚稻米产量多年来增长缓慢，造成大米短缺，自给率只有60%左右，每年需花费巨额外汇进口大米。引进“超级杂交水稻”为马来西亚实现稻米自给带来了希望。

从亚洲到美洲，再到非洲、欧洲，增产优势明显的杂交水稻被冠以“东方魔稻”“巨人稻”“瀑布稻”等美称，甚至将之与中国古代四大发明相媲美。“杂交水稻外交”成为我国重要的外交品牌。

“拯救饥饿奖”、联合国粮农组织“世界粮食安全保障奖”“世界粮食奖”、入选美国科学院外籍院士等多个世界奖项和荣誉，就是对袁隆平为全人类作出伟大贡献的充分肯定。

杂交水稻不仅有力回答了世界“谁来养活中国”的疑问，而且连美国著名农业经济学家帕尔伯格都说：袁隆平把西方国家远远甩到了后面，并将引导中国和世界过上不再饥饿的美好生活。

水稻全基因组芯片问世

如何使水稻能更高产、更优质？这已经不仅仅是停留在田间地头的实验，而上升成为现代生物学需要破译的水稻基因之谜。

一个生物的全基因组序列蕴藏着这一生物的起源、进化、生育、生理以及与所有遗传性状有关的重要信息。所有这些重要的信息都写在由4种碱基（A、T、C、G）组成的基因组DNA那条长长的双链上。正因为如此，2000年人类基因组序列框架图的完成被誉为人类自然科学史上的“重要里程碑”。

水稻基因组序列也同样蕴藏着与水稻的高产优质、美味香色，以及与生长期和其他生长特征、抗病抗虫、耐旱耐涝、抗倒伏等所有性状的遗传信息。解析水稻基因组序列，是改进水稻品质、提高水稻产量必不可少的前提和基础。

1997年，由日本科学家牵头的国际水稻基因组计划启动，选取主要栽培粳稻品种“日本晴”为研究材料。美国公司和瑞士公司也相继开展了对“日本晴”水稻的基因组测序工作。然而，中国及东南亚等主要水稻生产国都是以籼稻及以籼稻为遗传背景的杂交水稻为主要栽培品种，其种植面积占世界稻谷的80%以上。

最近20多年来，从袁隆平到杨焕明，从育种专家到基因专家，中国科学家一次又一次地为世界水稻研究做出了贡献。在当今中国，有60%的水稻产量源于袁隆平及其助手培育的杂交水稻和超级杂交水稻，目前，杂交水稻推广年增产的稻谷可养活6000万人口，这大约相当于3个澳大利亚国家的人口。而今天，水稻的遗传密码“将加速改进作物的营养、产量和可持续农业的发展，以满足世界不断增长的需求。”水稻基因组为什么赢得如此赞誉？归根结底还是科学家那句话：因为作为第一种被测序的农作物，水稻可能帮助解决饥饿问题。

为保护超级杂交水稻这一宝贵的国家资源，也为继续保持我国在杂交水稻育种领域的国际领先地位，由中国科学院北京基因组研究所暨北京华大基因研究中心发起，中科院遗传与发育研究所和国家杂交水稻工程技术中心合作参加的“中国超级杂交水稻基因组计划”于2000年5月11日正式启动。为了这一重大项目的顺利完成，华大基因研究中心又在浙江省和杭州市政府的大力支持下，贷款建立杭州基地，与北京基地共同完成这一历史项目。2000年9月，这一项目被列为中国科学院支持的重要研究项目。2001年又被列入科技部和国家计委的支持项目。

“中国超级杂交水稻基因组计划”宣布用“霰弹法”测定籼稻基因组序列。2002年12月12日，中国科学院、科技部、国家发展计划委员会和国家自然基金会联合举行新闻发布会，宣布中国水稻（籼稻）基因组“精细图”已完成，共测定碱基对3.66亿个，精确度达到99.99%，并预测遗传基因62435个。它不仅为全球从事水稻和植物生物学研究的科学家提供了亟需数据，为功能基因组学和蛋白质组学的研究奠定了坚实的基础，而且为全面阐明水稻的生长、发育、抗病、抗逆和高产规律，推动遗传育种研究产生了重大影响，为科研工作者利用遗传途径改良水稻品种、解读其他谷物的基因排序提供了帮助。

“中国杂交水稻基因组计划”项目的深入，极大地推动了我国基因组科学和高性能计算机科学的发展。在基因组测序基础上，水稻功能基因组研究已经成为我国最大的“863”（国家高技术研究发展计划）支持的农业高科技项目。2003年5月，通过国际合作，基因组所的科学家成功研制了6万个基因在一张玻片上的“三高”（高精度、高密度、高覆盖率）水稻全基因组芯片。水稻全基因组基因芯片的问世，促进了水稻基础研究和应用开发。水稻基因组计划这项大科学工程，是生命科学、生物技术与计算科学、信息技术密切结合的产物，也是一个成功的例证。如果说人类基因组计划中国卷的完成表明了中国有能力跻身基因组领域的强国之列，那么中国独立完成的籼稻基因组工作则向全世界展示了中国基因组科学实现跨越式发展，并已处于世界领先的科研实力。

杂交水稻之父袁隆平

袁隆平，1930年8月3日出生于北京，杂交水稻育种专家，杂交水稻主要创始人。朱镕基总理曾说过：袁隆平院士突破经典遗传理论的禁区，提出杂交水稻新理论，实现了水稻育种的历史性突破。

偶然得来的“天然杂交稻”

孩提时代的袁隆平就表现出爱动脑筋、不读死书、爱思索的特点，被老师称为“爱提问的学生”。高中结业后，他考入了西南农学院农学系，毕业后被分配到湖南省安江农校任教。在多年的教学生涯中，袁隆平一面教学，一面积极进行科学研究。20世纪60年代初，袁隆平带领学生下农村生产实习。农村粮食紧缺、农民吃不饱饭，发自内心地对提高单产、发展生产的强烈呼声，使袁隆平立志要尽快采取先进的科学技术，培育出增产潜力上有新突破的农作物新品种。

1960年7月，在早稻常规品种试验田里，袁隆平被一株“鹤立鸡群”的水稻吸引了：株型优异，穗大粒多。他蹲下身子仔细地数了数稻粒数，竟然有160多粒，远远超过普通稻穗。兴奋的袁隆平给这株水稻做了记号，将其所有谷粒留做试验的种子。

第二年的结果却让人很失望，这些种子生长的禾苗，长得高矮不一，抽穗的时间也有的早，有的迟，没有一株超过它们的前代。

袁隆平百思不得其解，根据孟德尔遗传学理论，纯种水稻品种的第二代应该不会分离，只有杂种第二代才会出现分离现象。灵感的火花来了：难道这是一株“天然杂交稻”？既然自然界客观存在着“天然杂交稻”，只要能探索其中的规律与奥秘，就一定可以按照要求，培育出人工杂交水稻来，从而利用其杂交优势，提高水稻的产量。而当时权威看法是水稻是自花授粉植物，不具有杂交优势。从这时开始，袁隆平下定决心不为权威所限，通过科学的研究揭示出水稻杂交的奥秘和规律。于是，他立即将精力转到培育人工杂交水稻这一崭新的课题上来。

所谓杂交水稻，即是由两个具有不同遗传特性的水稻品种，一个做母本，另一个做父本，用父本的花粉授在母本里面，产生一种新的杂交本。由于不是任何两个杂交的水稻品种都具有杂交优势，所以只有在亲本造配上做大量的杂交组合，才能筛选到具有强大优势的杂种。

袁隆平陷入了深深的思考：如果能像杂交高粱那样，有“三系”就好了。这就要求必须培育出一个雄花不育的“母稻”——即雄性不育系，然后用能够恢复不育系育性的其他品种的花粉去给其授粉来生产杂交种子，这样，配种方便，成本便宜。但若用之于生产，则还有许多难题：一是要使“母稻”保持不育，代代相传；二是要有能使“母稻”结子的“公稻”，国际上曾有人断言：此路不通。

但袁隆平没有被国际上的言论捆住手脚，在1964年和1965年的水稻开花季节里，他和助手们每天头顶烈日，脚踩烂泥，低头弯腰，终于不负众望地在稻田里找到了6株天然雄性不育的植株。经过两个春秋的观察试验，对水稻雄性不育材料有了较丰富的认识。袁隆平根据所积累的科学数据，撰写成了论文《水稻的雄性不孕性》，发表在《科学通报》上。这是国内第一篇论述水稻雄性不育性的论文，不仅详尽叙述水稻雄性不育株的特点，并就当时发现的材料区分为无花粉、花粉败育和部分雄性不育三种类型。从1964年发现“天然雄性不育株”算起，袁隆平和助手们整整花了6年时间，先后用1000多个品种，做了3000多个杂交组合，仍然没有培育出不育株率和不育度都达到100%的不育系来。

来之不易的“人工杂交水稻”

袁隆平总结了6年来的经验教训，并根据自己观察到的不育现象，认识到必须跳出栽培稻的小圈子，重新选用亲本材料，提出利用“远缘的野生稻与栽培稻杂交”的新设想。在这一思想指导下，袁隆平的助手李必湖于1970年11月23日在海南岛的普通野生稻群落中，发现一株雄花败育株，他们用广场矮、京引66等品种测交，发现其对野败不育株有保持能力，“野败”的发现，给杂交水稻研究带来了新的转机。

1972年，农业部把杂交水稻列为全国重点科研项目，组成了全国范围的攻关协作网。1973年，广大科技人员在突破“不育系”和“保持系”的基础上，选用1000多个品种进行测交筛选，找到了1000多个具有恢复能力的品种。张先程、袁隆平等率先找到了一批以IR24为代表的优势强、花粉量大、恢复度在90%以上的“恢复系”。

1973年10月，袁隆平发表了题为《利用野败选育三系的进展》的论文，正式宣告我国籼稻型杂交水稻“三系”配套成功。这是我国水稻育种的一个重大突破。紧接着，他和同事们又相继攻克了杂种“优势关”和“制种关”，为水稻杂种优势利用铺平了道路。

1975年，全国杂交水稻示范田有370多公顷，1976年示范推广面积就达到14万公顷，真正突破了杂交水稻的生产应用关，带来了水稻育种的二次革命。袁隆平作为这项重大发明的第一完成人，获得了国家颁发的第一个发明特等奖。

1995年8月，袁隆平正式宣布：我国历经9年的两系法杂交水稻研究已取得突破性进展，可以在生产上大面积推广。正如袁隆平在育种战略上设想的，两系法杂交水稻确实表现出更好的增产效果，普通比同期的三系杂交水稻每公顷增产750千克，且米质有了较大的提高。在生产示范中，全国已累计种植两系杂交水稻数千万亩。

1998年8月，袁隆平又向新的制高点发起冲击。他提出选育超级杂交水稻的研究课题。在政府的支持下，在海南三亚农场基地，袁隆平率领协作攻关大军，经过近一年的艰苦努力，终于将超级杂交水稻小面积试种成功，使其亩产达到800千克，并在西南大学等地引种成功。目前，超级杂交水稻正走向大面积试种推广中。

“三系法像包办婚姻，两系法是自由恋爱，超级稻是独身主义”，这是袁隆平对杂交水稻演变过程的形象比喻。从“三系法”到“两系法”再到超级稻，从亩产400千克到600千克再到800千克，他的脚步从来没有停止过。

杂交水稻的“秘密”

杂交水稻具有根系发达、分蘖（泛指植物近根处长出的分枝）力强、茎干粗壮、穗大粒多、适应性广等优点。因此，在同等条件下，杂交水稻可比普通水稻增产2~3成。

何谓“三系”杂交水稻

袁隆平从20世纪60年代开始致力于杂交水稻的研究，成功培育出了“三系杂交水稻”，为粮食增产发挥了重要作用。“三系杂交水稻”主要是指：

1. 雄性不育系，是一种雄性退化但雌蕊正常的母水稻，因此，借助这种母水稻作为遗传工具，通过人工辅助授粉以大量生产杂交种子。

2. 保持系，正常的水稻品种有一种特殊的功能，即用它的花粉授给不育系，所产生的后代，仍然是雄性不育的。因此，借助保持系，不育系就能一代代地繁殖下去。

3. 恢复系，其特殊功能是，用它的花粉授给不育系后，所产生的杂交种雄性恢复正常，能自交结实，可用于生产。

基因测序“鸟枪法”

2001年7月，我国杂交水稻基因组计划正式展开，首先以杂交水稻的父本——纯种籼稻93-11为研究对象。与国际水稻基因组计划不同，这一研究采用全基因组“鸟枪法”策略进行测序。

基因测序“鸟枪法”，也俗称“霰弹法”。简单地说，它有点类似生活中玩的拼图游戏。拼图游戏是将一个完整的画面分成杂乱无章的碎块，然后重新拼装复原。而“鸟枪法”则是先将整个基因组打乱，切成随机碎片，然后测定每个小片段序列，最终利用计算机对这些切片进行排序和组装，并确定它们在基因组中的正确位置。

“鸟枪法”最初主要用于测定微生物基因组序列。近年来，美国塞莱拉公司先后利用改进的全基因组“鸟枪法”完成了果蝇和人类基因组的测序工作，证明了它在测定大基因组上的可行性和有效性。

“鸟枪法”优点是速度快，简单易行，成本较低。但用它来测序，最终排序结果的拼接组装不太容易。中国科学家设计出了一种序列组装软件，能有效克服“鸟枪法”全基因组测序组装过程中的困难。

在研究中，他们首先在整个水稻基因组上生成许多已知长度的DNA（脱氧核糖核酸）切片，然后使它们按DNA序列的重合区域进行排列。这些切片数量足以覆盖水稻基因组 4 次。科学家们接着确定每个切片的碱基对序列，并用计算机程序将其组装成更长的片段，然后将这些片段排序、装配成10万多个被称为支架的更大组件。

他们设计出的软件重点是通过支架水平上的接近来进行组装，并采取了独特的重复序列处理算法，可识别并暂时屏蔽占水稻基因组约40%的重复序列。这样做的好处是既能减少计算量，又最大限度降低了错误拼接的可能性。

水稻基因组八项重要发现

2001年10月12日，中国率先完成了水稻（籼稻）基因组工作框架图的绘制，并免费公布数据库。这一工作框架图序列已基本覆盖了92%以上的水稻基因。归纳起来，水稻基因组的研究工作有八项重要发现。

第一项，水稻基因数目多。总数估计在5万~6万之间，数量几乎是人类基因的两倍。

第二项，“基因家族”成员多。在进化过程中，主要通过基因重复而使“家族”成员数目增加，而人类基因主要是通过基因的加工及修饰实现多样化。

第三项，基因头尾组成差别大（生物的重要信息都写在由4种碱基A、

T、C、G组成的基因组DNA那条长长的双链上），与双子叶植物，如拟南芥（拟南芥大多数基因与其他“复杂”的植物基因具有很高的同源性，另外，由于这种植物的全部基因组测序已经完成，因而广泛用于植物遗传学、发育生物学和分子生物学的研究，已成为一种典型的模式植物）的基因组不同，大部分基因存在GC组合的梯度变化，头部的GC含量比尾部高出约四分之一。同样，编码氨基酸的密码子使用频率也具有相似的偏向性。

第四项，“重复序列”多在基因之间。虽然在动物中，重复序列多在基因内的“内含子”中分布。水稻基因组的工作证明植物的重复序列多位于基因之间。正因为如此，水稻基因的平均长度只有4500个碱基，而人类基因的平均长度超过72000个碱基。

第五项，单、双子叶植物差别大。水稻（单子叶植物）基因组的5~6万个基因中只有少于50%的基因可以在双子叶植物拟南芥中找到，其余的基因中有相当一部分是新基因。

第六项，籼稻与粳稻基因组的序列差别较大，主要是基因间的“重复序列”造成的。

第七项，水稻序列变异多。不同水稻稻种间的差异近百分之一，而人类序列的差异为千分之一左右。这些序列差异为水稻育种提供了非常重要的分子标记。

第八项，“杂交优势”露端倪。籼稻与杂交水稻母本的序列比较给杂交优势的机制研究提供了新的启示：杂交优势很可能与基因组变化和基因表达等有关系。

首例人工合成胰岛素震惊世界

世界首次人工合成牛胰岛素

1889年，德国的奥斯卡·敏柯斯基首次发现了胰脏和糖尿病的关联后，就不断有人尝试分离胰脏的“神秘内分泌物质”，陆续地，也有报道指出胰脏的分泌物具有降血糖的作用——但不是效果不够好，就是副作用大，都没有得到同行的认可。而且，世界权威杂志《自然》曾发表评论文章，认为人工合成胰岛素还不是近期能够做到的。

人工合成胰岛素大奋战

在人体十二指肠旁边，有一条长形的器官，那就是胰腺。胰腺中，散布着许许多多的细胞群，叫做胰岛。当胰岛中的β细胞受到比如葡萄糖、乳糖、胰高血糖素等刺激，就会分泌一种蛋白质激素——胰岛素。人的胰腺每天产生1~2毫克胰岛素，一旦不足，就会引起代谢障碍，尤其是葡萄糖不能被有效地吸收，过多的糖会随尿排出，因而造成糖尿病的发生。

事实上，胰岛素的发现不仅是糖尿病历史上，也是整个医学史的里程碑。尽管胰岛素早早被人类发现，但由于作用多样、结构复杂，迟迟不能完全为人类了解。真正的纯化及结构确定，直到1955年，才由英国剑桥大学的弗雷德里克·桑格完成——他用生物降解和标记方法确定了第一个活性蛋白质——牛胰岛素分子的氨基酸连接顺序（一级结构）。1958年，桑格获得了诺贝尔化学奖。至此，各国的人工合成胰岛素课题全面启动。

1958年12月底，我国人工合成胰岛素课题正式启动。

课题启动后，中国科学院上海生物化学研究所考虑到工作难度、工作量问题，先后请求与中国科学院有机化学研究所、北京大学化学系有机教研室合作。北京大学的邢其毅教授、张滂教授和陆德培等青年教师，带领有机专业的十多名学生展开研究。同时，上海生化所也建立了由邹承鲁、钮经义、曹天钦、沈昭文等人分别负责的研究小组，他们也各带了一批年轻的科研人员，分头探路。由此，这场人工合成胰岛素的奋战，也被称为“大兵团合作”开始了。后来，经过上海生化所所长王应睐的提议，认为这种“大兵团”合作研究方式太过费钱、费力，于是，决定精简队伍提高效率。1960年10月，攻关的科研队伍减到几十人，并恢复了所、室、组的正常建制。

而接下来的许多实验在失败接着失败中重复，再加上美国和联邦德国相继发表了几篇文章，于是一些人思想波动，想下马。这时候，党中央、国务院、中国科学院、教育部相继给了很大鼓励。1963年，在全国天然有机化合物会议上，由中国科学院数理化部召集生化所、有机所和北京大学三个单位的领导开会，北京大学的邢其毅教授、有机所汪猷所长和生化所的同志一起分析形势，认定美国、联邦德国劲头虽大，但老是在改变方案，说明他们还没有找到正确的路子。我们的工作比他们领先，只要扎实做下去，肯定能走在他们前面。最后决定，由生化所合成B链，有机所和北京大学合成A链。

人工合成牛胰岛素诞生

当时，蛋白质研究正是世界生物化学领域研究的热点，恩格斯曾说过：“蛋白质是生命的存在形式”，因此合成了蛋白质甚至被视作“破解生命之谜的关节点”。

由生化所、有机所和北京大学通力研究发现，牛胰岛素分子结构与人体胰岛素的分子结构极为相似，它们都由51个氨基酸组成。牛胰岛素的分子由两条分子链组成，A链含有21个氨基酸，而B链由30个氨基酸组成。然而，人体的B链最后一个氨基酸是苏氨酸，若将这个苏氨酸变成丙氨酸，那么原来的人胰岛素这时就变成了牛胰岛素。

牛胰岛素属于高分子化合物，一个牛胰岛素分子总共的原子数达770个之多，结构十分复杂。人工合成牛胰岛素极其艰难，因为这几十种氨基酸中的每一种都是按非常严格的顺序排列的。因此，整个研制要经过将近200个步骤的化学合成，若稍有闪失，则前功尽弃。不过，我国科学家还是坚定地向前走着。

概括起来，研究过程可以分成三步：第一步，先把天然胰岛素拆成两条链，再把它们重新合成为胰岛素，研究小组在1959年突破了这一关，重新合成的胰岛素是同原来活力相同、形状一样的结晶；第二步，合成胰岛素的两条链后，用人工合成的B链同天然的A链相连接——这种牛胰岛素的半合成在1964年获得成功；第三步，经过考验的半合成的A链与B链全合成。

研究人员将重点放在了解决第三步“如何使A链和B链通过氧化重新组合起来”上。这意味着要将胰岛素分子还原、分离、纯化。这项工作由杜雨苍在邹承鲁教授的指导下进行，第一次全合成实验即告成功，但活力很低，拿不到结晶。因此，需进一步改善合成方法。经过多次模型试验，试用各种不同的保护剂和各种抽提方法，经历多次失败，终于在1965年9月17日得到更好的结果。研究人员向人工合成的牛胰岛素中掺入了放射性C_6^{14}（碳十四，碳的一种具有放射性的同位素）作为示踪原子，与天然牛胰岛素混合到一起，经过多次重新结晶，得到了放射性C_6^{14}分布均匀的牛胰岛素结晶，证明了人工合成的牛胰岛素与天然牛胰岛素完全融为一体，它们是同一种物质。然后，通过小鼠惊厥实验（注射胰岛素后出现惊厥现象，而注射葡萄糖溶液之后小老鼠恢复正常。说明胰岛素的作用是降低血糖）证明了纯化的人工合成胰岛素确实具有和天然胰岛素相同的活性。至此，宣告世界上首次采取人工方法合成的牛胰岛素在中国诞生了！

随后，由生化所副所长曹天钦主持起草论文，将这一重要科研成果以简报形式发表在1965年11月的《中国科学》杂志上。1966年4月，全文发表。

在国际上，人们把人工合成牛胰岛素、氢弹、人造地球卫星合称世界三大科学成果。我国科技人员在全世界首创人工合成具有生命活力的人工合成胰岛素，标志着我国走在了实验制造生命物质的最前列，开创了世界人工合成生命物质的新时代。

成果引起世界强烈反响

1966年8月1日，在华沙召开的欧洲生物化学联合会第三次会议上，中国人工合成胰岛素成了会议的中心话题。诺贝尔奖获得者、胰岛素一级结构的阐明者桑格博士特别兴奋，因为“中国合成了胰岛素，也解除了我思想上的负担”。原来，当时有人对他1955年提出的胰岛素一级结构的部分顺序表示过怀疑。

牛胰岛素的合成之所以引起这样强烈的反响，是因为：

1. 中国的合成产物，各项指标均过硬。胰岛素是由51个氨基酸组成两条肽链（A、B链）而构成的蛋白质。这两条肽链是由两对二硫键联结的，除链间二硫键外，在A链上还有一对链内二硫键。中国合成的胰岛素是牛胰岛素，合成物为结晶产物，其结晶形状、层析、电泳、酶解图谱均与天然的一致，活力为87%。这些数据有力地说明，中国在这方面的工作非常出色，在世界上领先。

2. 中国闯过了许多异乎寻常的难关，做了前人没有做的事情。如在合成时，首先遇到的是氨基酸的大量供应问题。为此，中国科学院上海生化所研究所组织了技术小组，从无到有地生产出十几种氨基酸，结束了国内不能自制整套氨基酸的历史。更为困难的是，当时我国还没有多肽合成的经验，除了谷氨酸钠（味精）之外，我国甚至没有制造过任何氨基酸。还有一点，这一项目确实也耗资巨大，如一位执异议者所说，所用去的化学溶剂之多，足以灌满一个游泳池。

诺贝尔奖获得者、诺贝尔奖委员会主席蒂萨利乌斯1966年3月到生化所参观了胰岛素的合成工作。他说：“美国、瑞士等在多肽合成方面有经验的国家未能合成胰岛素，也不敢去合成，你们没有这方面的专长和经验，但你们合成了，你们是世界第一，这使我很惊讶。”

3. 这是人类认识生命历程中的一个划时代的进步。多少年来，人们通过各种手段，各种方式，艰难地揭示着生命的奥秘。分子生物学在开启这个自然之谜中起着重要的作用。1828年，德国化学家武勒用化学方法合成了尿素，这是第一个人工合成的有机分子，但这毕竟是个小分子。胰岛素的合成则向人们宣布，人工合成蛋白质的时代开始了。

生化事业领航者王应睐

王应睐教授，1907年出生于福建金门，1938年，王应睐赴英国剑桥大学攻读研究生，获得生化博士学位，后受聘于剑桥大学。1945年回国，1955年当选为中国科学院生物学部委员。1958年他筹备创建了中国科学院上海生物化学研究所，同年加入了中国共产党。

聪明才智初露端倪

王应睐的童年非常艰辛，他两岁丧父、六岁丧母，全靠兄嫂抚养，他先在私塾读书，后进入鼓浪屿著名的英华书院上学。正是童年的艰辛培养了他坚强、发奋的秉性。他6年半就读完了9年的课程，于1925年提前毕业。接着先后进入福建协和大学和南京金陵大学攻读化学专业，1929年以优异的成绩毕业，并获得学校颁发的“金钥匙”奖。

大学毕业后，王应睐在金陵大学助教。可是生活并不是一帆风顺的，1931年他得了肺结核，休养了两年。在治病期间，王应睐从不忘读书。1933年，他获得机会进入北平燕京大学化学研究生院，从事氯仿、甲苯对蛋白酶的作用以及豆浆与牛奶消化率的比较等研究。1936年，接受金陵大学的聘请担任讲师。1937年抗日战争爆发后，他回到鼓浪屿，后来考取庚款留英，于1938年到英国剑桥大学攻读博士研究生，在L. J. 海里斯博士指导下从事维生素研究，这是20世纪30年代生物化学领域中最前沿的一个方向。

在研究期间，王应睐就表现出他在研究工作上的才能，首先发现了服用过量维生素A的毒理作用，发现机体在缺乏维生素E时的组织变态现象，建立了四种水溶性维生素的微量测定法，首次证明豆科植物根瘤菌中含血红蛋白。他对马蝇蛆的血红蛋白的研究，阐明了不同生化条件下血红蛋白的性质与功能的关系。由于成绩优异，校方免去他研究生毕业论文答辩。

1945年，王应睐回国后，对琥珀酸脱氢酶进行了系统的研究，解决了多年来未澄清的酶的性质等问题，并对辅基与酶蛋白连接方式的问题作了深入阐明，该工作达到当时的世界先进水平。1956年，这项成果获得了中国科学院的奖励，1978年获全国科学大会重大成果奖。

王应睐还是我国生化试剂工业的开创者。1958年以前，我国没有自己的生化试剂工业，科研所需的生化试剂主要依靠进口，进口试剂价格昂贵且容易变质。生化所建所并提出人工合成牛胰岛素这一目标之后，王应睐深感要创办试剂工厂，用中国生产的氨基酸合成胰岛素，改变我国依赖进口生化试剂的被动局面。在他的亲自过问和领导下，工厂因陋就简地运转起来，王应睐亲自给工厂取名为东风生化试剂厂，并给予工厂人员、技术方面的支持。从某种意义上说，我们现在所提倡的知识创新，加快科研成果的转化，早在几十年前他就已经默默实践了。

具备发展眼光的领航员

在我国，生命科学，特别是生物化学和分子生物学的发展航线上，王应睐不仅是一个与风雨搏击的水手，更是一位具备发展眼光的领航员。

王应睐是人工合成牛胰岛素工作的主要组织者之一，他正确判断和把握国际生物学科前沿研究趋势，果断提出了“人工合成牛胰岛素”，制定了相应的科学决策。1963年，王应睐正式担任人工合成胰岛素协作组组长，组织、安排和制定了人工合成胰岛素的多路探索的方案，不断调整生化所内各研究组之间的研究力量，研究和解决工作中产生的困难和问题，协调生化所与有机所、北京大学的合作，直到1965年9月这个具有历史意义的工作宣告成功。

1958年12月到1959年10月间，负责胰岛素拆合的杜雨苍发现胰岛素的活力非常弱，只有1%。王应睐马上提出，会不会是因为混进了天然胰岛素？因为空气中可能会飞扬着多余的分子。于是他建议研究人员在天然重组的产物中掺进人工合成的90%废物（杂质），使AB链的纯度只有10%，这样重组后，果然发现活力很低，这证实了他最初的猜想。之后，他们想办法对AB链进行杂质抽离、提纯等，直到成功。

人工合成牛胰岛素的难度更大，协作范围更为广泛，涉及京沪地区多个单位。对于一个牵涉到这么多单位、部门、人员参加的研究工作，若没有一位能正确判断和充满信心，知人善任的科学家来领导，这项工作是不可能完成的。1977年，王应睐担任协作组组长，对协调生物物理所、细胞所和有机所的合作攻关起了关键作用。

人工合成牛胰岛素倾注了王应睐大量的心血，但在最后文章署名时，他却把自己的名字划掉了。在他的带动下，这一风气成为了所风。生化所之所以能够赢得那么多的国际声誉，与王应睐的努力是分不开的。王应睐这种无私忘我、不务虚名的高贵品德，像一根红线贯穿了他近70年的学术生涯。

胰岛素究竟是什么

胰岛素是人类胰脏内那些形如小岛状的细胞所分泌的一种蛋白质，这种蛋白质按一定的浓度和速度连续不断地进入血液之中， 血液中的葡萄糖在胰岛素的作用下， 一部分分解为二氧化碳和水， 并释放出供生长发育所需的能量；另一部分葡萄糖能聚合起来成为糖原贮藏在肝脏中。糖尿病人因胰脏不能源源不断地形成胰岛素， 因而血液中的葡萄糖随尿液排泄出体外， 如果得不到及时治疗， 那么最终将在消瘦中趋向死亡。因此， 严重的糖尿病患者需定期注射从猪、羊或牛胰脏中提取出来的胰岛素。

从神奇的蛋白质说起

1777年，法国科学家马凯利在对一系列蛋白质食品（鸡蛋、乳酪、动物血液等）的性质进行分析时， 最早发现了蛋白质变性现象。比如把一个鸡蛋加热后， 它就会凝固而渐变成软质硬状物，从液态变成了固体；若温度再冷却下来，它不能再恢复成原样。于是，马凯利把蛋白质食品这种特有的现象称为变性作用，他将这类有变性作用的物质取名为“蛋白质”。

蛋白质是生命的基础，它不仅是人体的组成部分，而且是人体吸收、运输营养所要依靠的物质以及人体各种生理活动的活性物质。婴幼儿若得不到足够的蛋白质，将严重影响体力和智力的正常发育；成年人如果缺少必要的蛋白质补充，那将会出现体质虚弱，极易感染多种疾病。因此，蛋白质在抵御和消灭病原性微生物、确保人体健康、提供人体所需热能等方面都起着重要作用。

那么，对人体健康至关重要的蛋白质究竟是一类什么样的物质呢？从19世纪以来，许多科学家都孜孜不倦地研究着各种蛋白质的分子结构，最后得出了一个共同结论，所有蛋白质在化学结构上基本是一个模式：蛋白质是由碳、氢、氧、氮、硫、磷等元素先组成约20余种氨基酸，这些氨基酸再按不同数量和排列次序组成形形色色的蛋白质分子。假如以20种不同氨基酸“头”“尾”连成一条含有100个氨基酸的长链，那么就会形成20100种不同种类的长链。

实际上组成蛋白质的长链是极其复杂的，成千上万个氨基酸的“头”“尾”相连的一串长链被称为多肽链；由一个或多个多肽链盘曲、折叠而构成的特定立体结构才能称为蛋白质。

示踪原子

前面我们说到过，研究人员向人工合成的牛胰岛素中掺入了放射性C_{6}^{14}作为示踪原子，与天然牛胰岛素混合到一起，证明了人工合成的牛胰岛素与天然牛胰岛素是同一种物质。那么，什么是示踪原子呢，它又是如何发生作用的呢？

示踪原子是将一种稳定的化学元素和它的具有放射性的同位素混合在一起。当它们参与各种系统的运动和变化时，由于放射性同位素能发出射线，测量这些射线便可确定它的位置与分量，只要测出了放射性同位素的分布和动向，就能确定稳定化学元素的各种作用。例如，将放射性磷混合在磷肥中使用，根据放射性磷在植物中的分布，便可了解植物对磷吸收的实际情况。

示踪原子的应用也不只限于生物学，在医学、工业和化学等方面都有极为广泛的用途。

一、在医学上的用途

在医学上利用示踪原子主要是为了诊断病情。例如，放射性的碘化钠在人体内的作用与通常的碘化钠完全相同。这些碘元素集中在甲状腺，然后转变为甲状腺荷尔蒙。另外有些含放射性的原子能够附在骨髓、红血球、肺部、肾脏或留滞在血液中，可被适当的仪器探测出来。作为检查各部位病情的依据。

二、在工业上的应用

有些工业部门，在很多操作过程中，都应用同位素。如，在石油工业中，探测石油时，将放射性的针放入试验井或插进地中，然后再测量放射线穿过不同的岩石被散射的情况，记录下来各处所测的辐射线，据此画出地层的剖面图。此图可告诉地质学家在何处打井较为适当。

三、在化学上的应用

在化学中的某些问题必须使用示踪原子方能解决，例如，金属离子在其盐类的溶液中自身扩散的现象，不能由其他方法加以研究。

此外，有些问题虽然原则上并不一定非要使用示踪方法，不过为了方便，也常使用示踪方法。这是因为示踪原子的应用有特殊的优点：（1）灵敏度极高。通常最灵敏的天平可以称出10克，最灵敏的光谱分析法可以鉴定10^{-9}克的物质，而用示踪原子法能检查出10^{-14}~10^{-1}克的放射性物质，这是任何化学分析所不及的。（2）容易辨别，程序简单。用示踪原子法可以节省很多繁复的分析工作。（3）可以揭示其他方法在目前还不能发现的事实，从而得出新的正确的结论。例如用示踪原子测定平衡状态下物质运动的规律、物质的扩散等。

胰岛素简介

胰岛素是肌体内唯一降低血糖的激素，也是唯一同时促进糖原、脂肪、蛋白质合成的激素。在医学上，胰岛素主要用于治疗糖尿病等。

一、调节糖代谢

胰岛素能促进全身组织对葡萄糖的摄取和利用，并抑制糖原的分解和糖原异生，因此，胰岛素有降低血糖的作用。胰岛素分泌过多时，血糖下降迅速，脑组织受影响最大，可出现惊厥、昏迷，甚至引起胰岛素休克。相反，胰岛素分泌不足或胰岛素受体缺乏，常导致血糖升高；若超过肾糖阈（界限），则糖从尿中排出，引起糖尿；同时由于血液成分改变（如含有过量的葡萄糖），可导致高血压、冠心病和视网膜血管病等病变。

胰岛素降血糖是多方面作用的结果：

1. 促进肌肉、脂肪组织等处的靶细胞细胞膜载体将血液中的葡萄糖载运入细胞。

2. 通过共价修饰增强磷酸二酯酶活性、降低cAMP（一种环状核苷酸）水平、升高cGMP（环磷酸腺苷）浓度，从而使糖原合成酶活性增加、磷酸化酶活性降低，加速糖原合成、抑制糖原分解。

3. 通过激活丙酮酸脱氢酶磷酸酶而使丙酮酸脱氢酶激活，加速丙酮酸氧化为乙酰辅酶A，加快糖的有氧氧化。

4. 通过抑制PEP羧化酶的合成以及减少糖异生的原料，抑制糖异生。

5. 抑制脂肪组织内的激素敏感性脂肪酶，减缓脂肪动员，使组织利用葡萄糖增加。

二、调节脂肪代谢

胰岛素能促进脂肪的合成与贮存，使血液中游离脂肪酸减少，同时抑制脂肪的分解氧化。胰岛素缺乏可造成脂肪代谢紊乱，脂肪贮存减少，分解加强，血脂升高，久之可引起动脉硬化，进而导致心脑血管的严重疾患；与此同时，由于脂肪分解加强，生成大量酮体，出现酮症酸中毒。

三、调节蛋白质代谢

胰岛素一方面促进细胞对氨基酸的摄取和蛋白质的合成，一方面抑制蛋白质的分离，因而有利于生长。腺垂体生长激素的促蛋白质合成作用，必须有胰岛素的存在才能表现出来。因此，对于生长来说，胰岛素也是不可缺少的激素之一。

四、其他功能

胰岛素可促进钾离子和镁离子穿过细胞膜进入细胞内；可促进脱氧核糖核酸（DNA）、核糖核酸（RNA）及三磷酸腺苷（ATP）的合成。

克隆技术发展

世界克隆技术研究成果

世界上第一例经体细胞核移植出生的动物克隆羊——“多莉”的诞生在全世界掀起了克隆研究热潮，随后，有关克隆动物的报道接连不断。1997年3月，即“多莉”诞生后1个月，美国、中国台湾和澳大利亚科学家分别发表了成功克隆猴子、猪和牛的消息。同年7月，英国罗斯林研究所和PPL公司宣布用基因改造过的纤维细胞克隆出世界上第一头带有人类基因的转基因绵羊“波莉”。这一成果显示了克隆技术在培育转基因动物方面的巨大应用价值。

早期研究

同一克隆的所有成员的遗传构成是完全相同的，例外仅见于有突变发生时。自然界早已存在天然植物、动物和微生物的克隆，例如：同卵双胞胎实际上就是一种克隆。然而，天然的哺乳动物克隆的发生率极低，成员数目太少（一般为两个），且缺乏目的性，所以很少能够被用来为人类造福，因此，人们开始探索用人工的方法来生产高等动物克隆。这样，克隆一词就开始被用作动词，指人工培育克隆动物这一动作。

目前，生产哺乳动物克隆的方法主要有胚胎分割和细胞核移植两种。克隆羊“多莉”，以及其后各国科学家培育的各种克隆动物，采用的都是细胞核移植技术。所谓细胞核移植，是指将不同发育时期的胚胎或成体动物的细胞核，经显微手术和细胞融合方法移植到去核卵母细胞中，重新组成胚胎并使之发育成熟的过程。与胚胎分割技术不同，细胞核移植技术，特别是细胞核连续移植技术可以产生无限个遗传相同的个体。由于细胞核移植是产生克隆动物的有效方法，故人们往往把它称为动物克隆技术。

采用细胞核移植技术克隆动物的设想，最初由汉斯·施佩曼在1938年提出，他称之为“奇异的实验”，即从发育到后期的胚胎（成熟或未成熟的胚胎均可）中取出细胞核，将其移植到一个卵子中。这一设想是现在克隆动物的基本指导思想。

从1952年起，科学家们首先采用青蛙开展细胞核移植克隆实验，先后获得了蝌蚪和成体蛙。1963年，中国童第周教授领导的科研组，首先以金鱼等为材料，研究了鱼类胚胎细胞核移植技术，获得成功。1964年，英国科学家J. 格登将非洲爪蟾未受精的卵用紫外线照射，破坏其细胞核，然后从蝌蚪的体细胞——一个上皮细胞中吸取细胞核，并将该核注入核被破坏的卵中，结果发现有1.5%这种移核卵分化发育成为正常的成蛙。格登的试验第一次证明了动物的体细胞核具有全面性。

三大发展阶段

克隆技术又称为“生物放大技术”，它经历了三个发展时期：第一个时期是微生物克隆时期，即用一个细菌可以很快复制出成千上万个和它一模一样的细菌，从而变成一个细菌群；第二个时期是生物技术克隆时期，比如用遗传基因DNA进行克隆；第三个时期是动物克隆时期，即由一个细胞克隆成一个动物。克隆绵羊“多莉”就是由一头母羊的体细胞克隆而来，使用的便是动物克隆技术。

在自然界，有不少植物生来就具有克隆本能，如番薯、马铃薯、玫瑰等能够进行插枝繁殖的植物。而动物的克隆技术，则经历了由胚胎细胞到体细胞的发展过程。

一些无脊椎动物（虫类、某些鱼类、蜥蜴和青蛙）未受精的卵也可以在某些特定环境下，比如受到化学刺激的条件下，成长并发育成完整个体。这一过程也被称为是产卵雌性的克隆。 早在20世纪50年代，美国的科学家以两栖动物和鱼类作为研究对象，首创了细胞核移植技术，这可以比做“狸猫换太子”。其基本过程是先将含有遗传物质的供体细胞的核移植到去除了细胞核的卵细胞中，利用微电流刺激等手段使两者融合为一体，然后促使这一新细胞分裂繁殖发育成胚胎，当胚胎发育到一定程度后（罗斯林研究所克隆羊用了约6天的时间），植入选定的动物子宫中，使动物怀孕便可产下与提供细胞者基因相同的动物。在这一过程中如果对供体细胞进行基因改造，那么无性繁殖的动物后代基因就会发生相同的变化。培育成功三代克隆鼠的“火奴鲁鲁技术”与克隆多莉羊技术的主要区别在于，克隆过程中的遗传物质不经过培养液的培养，而是直接用物理方法注入卵细胞里面。这一过程中采用化学刺激法代替电刺激法来促使卵细胞的融合。

哺乳动物胚胎细胞核移植研究的最初成果在1981年卡尔·伊尔门泽和彼得·霍佩用鼠胚胎细胞培育出发育正常的小鼠的试验中取得。1984年，施特恩·维拉德森用取自羊的未成熟胚胎细胞克隆出一只活产羊，后来又有人利用牛、猪、山羊、兔和猕猴等各种动物对他采用的实验方法进行了重复实验。这些克隆动物的诞生，均是利用胚胎细胞作为供体细胞进行细胞核移植从而获得成功的。这种克隆技术的难度要小一些，比较适合研究。

一直到1995年，在主要的哺乳动物中，胚胎细胞核移植都获得成功，包括冷冻和体外生产的胚胎；对胚胎干细胞或成体干细胞的核移植实验，也都做了尝试。但到1995年为止，成体动物已分化细胞核移植一直未能取得成功。

而1997年2月英国罗斯林研究所维尔穆特博士科研组公布体细胞克隆羊“多莉”培育成功，才解决了这一难题。克隆绵羊“多莉”是用乳腺上皮细胞（体细胞）作为供体细胞进行细胞核移植的，“多莉”完全继承了其亲生母亲（一体细胞提供者）——多塞特母绵羊的全部DNA的基因特征，是多塞特母绵羊百分之百的“复制品”。“多莉”的出生翻开了生物克隆史上崭新的一页，突破了利用胚胎细胞进行核移植的传统方式。

在理论上证明了，同植物细胞一样，分化了的动物细胞核也具有全能性；在实践上证明了，利用体细胞进行动物克隆的技术是可行的，将有无数相同的细胞可用来作为供体进行核移植，并且在与卵细胞相融合前可对这些供体细胞进行一系列复杂的遗传操作，从而为大规模复制动物优良品种和生产转基因动物提供了有效方法。

我国克隆技术跨入国际先进行列

我国对猪、牛、羊等动物成功进行了体细胞克隆。西北农林科技大学不仅培育了世界首例成年体细胞克隆山羊，而且还产下龙凤胎，在国际上首先证明了成年体细胞克隆山羊具有正常生育繁殖功能。中国工程院院士、中国农业大学教授李宁课题组的“体细胞克隆猪和转基因体细胞克隆猪技术平台的建立和应用”项目，表明我国在比克隆牛、羊技术难度大得多的研究上，也已达到国际先进水平。

动物克隆技术已达国际先进水平

我国克隆技术早在20世纪60~70年代就已经开始了。早在1963年，我国科学家童第周就通过将抑制雄性鲤鱼的遗传物质注入雌性鲤鱼的卵中从而成功克隆了一只雌性鲤鱼，比“多莉”羊的克隆早了33年。但由于相关论文是发表在一份中文科学期刊，并没有翻译成英文，所以并不为国际上知晓。

我国对克隆技术的研究一直是走在世界前沿的：

1965年，童第周对金鱼进行细胞核移植。

1990年，西北农业大学畜牧所克隆一只山羊。

1992年，江苏农科院克隆一只兔子。

1993年，中科院发育生物学研究所与扬州大学农学院携手合作，克隆一只山羊。

1995年，华南师范大学与广西农业大学合作，克隆一头奶牛和黄牛的杂种牛；西北农业大学畜牧所克隆六头猪。

1996年，湖南医科大学人类生殖工程研究所克隆六只老鼠；中国农科院畜牧所克隆一头公牛。

以上都是胚胎细胞克隆研究。

1999年，中国科学家周琦在法国获得卵丘细胞克隆小鼠，在国际上首次验证了小鼠成年体细胞克隆工作的可重复性；接着他于2000年5月用胚胎干细胞克隆出小鼠“哈尔滨”，并于2000年10月获得第一只不采用“多莉”专利技术的克隆牛；中国科学院动物研究所研究员陈大元领导的小组将大熊猫的体细胞植入去核后的兔卵细胞中，成功地培育出了大熊猫的早期胚胎。

1999年和2000年，扬州大学与中科院遗传与发育研究所合作，用携带外源基因的体细胞克隆出转基因山羊。

2000年，我国生物胚胎专家张涌在西北农林科技大学种羊场接生了一只雌性体细胞克隆山羊“阳阳”。“阳阳”经自然受孕产下一对混血儿女，“阳阳”的生产可以证明体细胞克隆山羊和胚胎克隆山羊具有与普通山羊一样的生育繁殖能力。

2002年，我国首批成年体细胞克隆牛群体诞生，培育优良畜种和生产实验动物；生产转基因动物；生产人胚胎干细胞用于细胞和组织替代疗法；复制濒危的动物物种，保存和传播动物物种资源。

2005年8月5日，在河北省三河市诞生的体细胞克隆猪，是我国独立自主完成的首例体细胞克隆猪。2006年12月24日，由东北农业大学刘忠华教授主持的转基因克隆猪课题获得成功。3头绿色荧光蛋白转基因克隆猪在种猪场自然分娩产出，这种转入绿色荧光蛋白基因的转基因克隆猪在紫外光源激发下，口舌、鼻以及四蹄可以观察到明显的绿色荧光，验证了转基因的成功。这是继美国、韩国、日本后第四例成功通过体细胞核移植方式生产出的绿色荧光蛋白转基因克隆猪。2008年经教育部组织国内有关专家鉴定，认为我国克隆猪和转基因猪技术达到国际先进水平。

克隆器官研究世界领先

2005年中法细胞和组织工程治疗学法医学研讨会在武汉召开，与会的一些专家认为，中国在体外活体组织领域的研究已经处于世界领先水平。

细胞工程学是近年来发展迅速的一门新兴交叉学科，它应用生命科学和工程学的基本原理和技术，在体外用人工的方法构建人类的组织、器官，用来更换或者治疗有缺损的组织、器官，人们常称之为“人体配件工厂”或者“克隆器官”。

有关专家说，这项研究在国际上起步较晚，但是发展迅速，我国目前在该领域取得了较快发展，很多项目研究都处于国际前列。如1992年我国就在国际上率先让小裸鼠身上长出“人耳”；在角膜干细胞治疗眼表面疾病等领域世界领先；在国际上成功进行了首例人兔融合胚胎的研究；中法科学家合作将机械力作用于韧带上，使韧带具有抗张能力的研究达到了生物力学与医学的完美结合等。

此外，我国皮肤“克隆”再生伤口愈合技术也领先世界。如中国科学家成功将烧伤湿性医疗技术（湿润暴露疗法和配用药物湿润烧伤膏）应用于皮肤全层坏死创面皮肤再生治疗，完成了皮肤“克隆”再生的人类生命医学前沿研究，在新加坡召开的国际伤口愈合学术会议上，获得了世界学术同行的认同和肯定。

成功克隆人类胚胎，不用于克隆人

2009年2月2日，山东省干细胞工程技术研究中心主任、烟台毓璜顶医院中心实验室主任李建远教授对媒体宣布，攻克人类胚胎克隆技术，成功克隆出5枚符合国际公认技术鉴定指标的人类囊胚。这一研究成果于2009年1月27日在这一领域国际权威学术期刊发表。

此次研究选择了健康卵细胞志愿捐献者12人，经促排卵获得135枚卵细胞，经试验最终成功获取囊胚5枚，其中，4枚囊胚的供体细胞来源于正常人皮肤纤维细胞，1枚来源于帕金森病患者外周血淋巴细胞。

研究团队主要采用先进的三维立体偏振光纺锤体成像系统（对细胞无损伤），对卵母细胞纺锤体（核DNA）精确定位后，再用微激光对卵子的透明带打孔，精确剔除卵子细胞核。

李教授表示，他们掌握的这一先进技术不是为了制造克隆人，而是进行人类治疗性克隆研究，造福人类。中国科学院动物研究所生殖生物学国家重点实验室首席研究员、我国著名动物克隆专家、中国首例克隆牛专家陈大元教授对这一成果给予高度评价，称该成果不只是应用人类纤维体细胞获得克隆胚胎，更重要的是应用帕金森病患者外周血的淋巴细胞作为供体细胞也成功获得囊胚，这使治疗性克隆研究向前迈进了一大步。

可以预见，不久的将来，目前各种无法治疗的疑难性疾病都有可能通过克隆胚胎提取到与病人遗传基因完全相同的全能型胚胎干细胞，用其衍生而来的全新的功能细胞、组织或器官，来取代病变的细胞、组织、器官，从而避免免疫排异反应的发生，从根本上解决组织器官移植中配型困难与供体不足等瓶颈问题。

克隆技术简介

克隆技术会给人类带来极大的好处。例如，英国PPL公司已培育出羊奶中含有治疗肺气肿的α–I抗胰蛋白酶的母羊。这种羊奶的售价是6000美元一升。一只母羊就好比一座制药厂。用什么办法能最有效、最方便地使这种羊扩大繁殖呢？答案当然是“克隆”。但作为一个新兴的研究，在实践中，克隆动物的成功率还很低，维尔穆特研究组在培育“多莉”的实验中，融合了277枚移植核的卵细胞，仅获得了“多莉”这一只成活羔羊，成功率只有0.36%，同时进行的胎儿成纤维细胞和胚胎细胞的克隆实验的成功率也分别只有1.7%和1.1%。因此，克隆技术还有待于科学家们进一步的探索和研究。

什么是克隆

一个细菌经过20分钟左右就可一分为二；一根葡萄枝切成十段就可能变成十株葡萄；仙人掌切成几块，每块落地就生根；一株草莓依靠它沿地“爬走”的匍匐茎，一年内就能长出数百株草莓苗……凡此种种，都是生物靠自身的一分为二或自身的一小部分的扩大来繁衍后代，这就是无性繁殖。无性繁殖的英文名称叫“Clone”，音译为“克隆”。实际上，英文的“Clone”起源于希腊文“Klone”，原意是用“嫩枝”或“插条”繁殖。时至今日，“克隆”的含义已不仅仅是“无性繁殖”，凡来自一个祖先，无性繁殖出的一群个体，也叫“克隆”。这种来自一个祖先的无性繁殖的后代群体也叫“无性繁殖系”，简称无性系。

自然界的许多动物，在正常情况下都是依靠父方产生的雄性细胞（精子）与母方产生的雌性细胞（卵子）融合（受精）成受精卵（合子），再由受精卵经过一系列细胞分裂长成胚胎，最终形成新的个体。这种依靠父母双方提供性细胞、并经两性细胞融合产生后代的繁殖方法就叫有性繁殖。但是，如果我们用外科手术将一个胚胎分割成两块、四块、八块……最后通过特殊的方法使一个胚胎长成两个、四个、八个……，这些生物体就是克隆个体。而这两个、四个、八个……个体就叫做无性繁殖系。

克隆的基本过程

克隆技术不需要雌雄交配，不需要精子和卵子的结合，只需从动物身上提取一个单细胞，用人工的方法将其培养成胚胎，再将胚胎植入雌性动物体内，就可孕育出新个体。这一过程中如果对供体细胞进行基因改造，那么无性繁殖的动物后代基因就会发生相同的变化。

这种以单细胞培养出来的克隆动物，具有与单细胞供体完全相同的特征，是单细胞供体的“复制品”。因而克隆也可以理解为复制、拷贝，就是从原型中产生出同样的复制品，它的外表及遗传基因与原型完全相同。科学家把这种生物技术叫“克隆技术”，简单来说就是一种人工诱导的无性繁殖方式。

英国科学家和美国科学家先后培养出了“克隆羊”和“克隆猴”。克隆技术的成功，被人们称为“历史性事件，科学创举”。有人甚至认为，克隆技术可以同当年原子弹的问世相提并论。

克隆技术可以用来生产“克隆人”，可以用来“复制”人，因而引起了全世界的广泛关注。如果把克隆技术应用于畜牧业生产，将会使优良牲畜品种的培育与繁殖发生根本性的变革。若将克隆技术用于基因治疗的研究，就极有可能攻克那些危及人类生命健康的癌症、艾滋病等顽疾。克隆技术犹如原子能技术，是一把双刃剑，“剑柄”掌握在人类手中。人类应该采取联合行动，避免“克隆人”的出现，使克隆技术造福于人类社会。

医学界的“万用细胞”——干细胞

干细胞突破性发展

在这个“潜力股”备受青睐的时代，人体细胞中也不乏这么一类“优秀代表”，它们被医学界称为“万能细胞”，有关研究被美国《科学》杂志评为世界十大科学成就之首。这类“万能细胞”就是处在当今生命科学领域研究最前沿的干细胞，如果说体细胞是具备“一技之长”的“专业人才”，那么干细胞则是具备再生成各种组织和器官的“潜力股”。

干细胞研究突破伦理之争

干细胞的研究始于20世纪60年代，加拿大科学家恩尼斯特·莫科洛克和詹姆士·堤尔在1963年首次证明了血液中干细胞的存在，造血干细胞能发展成数百种不同类型的人体组织细胞。这一发现让很多科学家如获至宝，随着生命科学的迅速发展，干细胞的研究在近20年获得了诸多突破。

干细胞虽具备各种潜力和前景，但在其实际应用中也曾备受“伦理之争”的困扰，争论的焦点源于传统的干细胞是从胚胎中进行提取。美国小布什政府曾长期对胚胎干细胞的研究设限，认为从胚胎中提取干细胞无异于“故意摧毁人类胚胎”，是“不能跨越的道德底线”。另外，随着干细胞研究技术的不断深入，人类甚至或将制造出人类本身，由此出现不可控制的局面。但胚胎干细胞所具备的“全能性”无可比拟，被认为是医学应用的最佳选择。

直到2008年这场争论才成功平息，促发事件是日本科学家山中伸弥让干细胞技术逼近实用。他绕开胚胎干细胞提取会破坏胚胎组织这一“雷区”，将人体分化程度较高的表皮细胞成功转化为干细胞，通过这种途径获得的干细胞被称为“诱导多能干细胞”，简称iPS cell。诱导多能干细胞和胚胎干细胞在自我更新能力和分化潜能方面相差无几，它不但解决了干细胞研究一直以来面临的伦理、法律之争，为干细胞技术的进一步研究扫清了障碍，而且提供了获取干细胞更为简单方便的途径。

中国科学家成功破解干细胞变身障碍

在山中伸弥之后，干细胞尤其是诱导多能干细胞研究成为近年来生物领域的研究热点之一。2011年11月，中国科学家成功发现并破解了维生素C能促进体细胞“变身”为诱导多能干细胞的分子障碍，从而为阐明诱导多能干细胞形成机理奠定了基础。

诱导干细胞是指在外源因子诱导下，体细胞在体外“变身”为与胚胎干细胞具有同样特征的多能干细胞，在组织器官移植、基因治疗中具有重要意义，在新药开发筛选、新基因发掘、毒性评估等领域也有望产生重要影响。尽管诱导多能干细胞应用前景广泛，但其诱导机理不明、诱导效率低下等问题长期困扰着科学家们。

2009年，中国科学院广州生物医药与健康研究院裴端卿研究团队研究发现，维生素C可以大大提高体细胞转化为诱导多能干细胞的效率。为探索这一现象背后的机理，两年多来，该团队进行了大量基础研究，发现了制约体细胞“变身”的一种分子障碍，维生素C是通过一种特殊酶降低这种分子障碍的影响从而提高“变身”效率。经过大量筛选，科学家从数十种酶中找到了一种能显著提高细胞重编程效率的酶——组蛋白去甲基化酶。维生素C和这种酶都能加速成体细胞生长，具有协同作用。

实验结果显示，未处理的体细胞——成纤维细胞在体外传代到第6代时几乎老化得不能再“变身”为多能干细胞。但转导这种酶并在培养基中添加维生素C，成纤维细胞在体外传代到第6代甚至第12代时还没有表现出衰老的表型，能保持与原细胞一样的“变身”潜能，维持重编程效率。

美国斯坦福大学干细胞生物学家马吕斯·魏理格博士认为：“这一研究结果阐明了这个蛋白质与维生素C协同作用，能够打开完成重编程所必需的‘沉睡基因’从而推动重编程，是人们试图从分子水平上理解细胞重编程机理的一个里程碑式的发现，对于细胞和再生医学研究具有广泛和深远的意义。”

干细胞转入临床试验阶段

骨髓损伤、糖尿病、帕金森病……这些至今没有根治方法的疾病有望在未来被一种叫做“诱导性多能干细胞”的医疗技术所攻克。中国人体干细胞研究在病源、疾病多样性等方面拥有独特的优势，未来在成果应用方面有望走在世界前列。

攻克脊髓损伤难题迫在眉睫

近年来，脊髓损伤的发病率正在逐年增加，我国每年增加脊髓损伤约10万人，慢性脊髓损伤患者达数百万人。因为脊髓本身再生能力有限及损伤局部的胶质瘢痕等不利因素，使得脊髓损伤的修复成为医学界尚未攻克的难题。

北京航空航天大学科学技术研究院李晓光课题组研制的“脊髓重建管”过去2年内已在国际生物材料专业领域顶尖杂志《生物材料》连续发表了4篇论文，证明哺乳动物有明显的神经再生修复能力。

脊髓重建管是我国自主研制的，具有独立知识产权，也是世界第一个用于截瘫患者治疗的新产品，于2010年7月获得国家食品药品监督管理总局的批准，目前已进入临床试验阶段。该产品是我国首个进入临床研究的诱导神经再生活性生物材料支架，有望成为全球通过修复中枢神经治疗截瘫患者的少数创新性产品之一，研究成果达到世界先进水平。

造血干细胞移植有望治愈糖尿病

解放军总医院第二附属医院（原309医院）曾成功为一位糖尿病患者实

施自体纯化造血干细胞移植手术，患者造血和免疫系统完全恢复，胰岛功能逐渐恢复。专家说，自体纯化造血干细胞移植手术有望治愈糖尿病。

器官移植中心细胞治疗科主任介绍，自体纯化造血干细胞移植手术是指将患者体内的造血干细胞在体外进行一系列专业处理，以去除异常的免疫细胞，再将纯化后的造血干细胞作为优良种子回输到患者体内，重建人体造血和免疫功能，免疫系统正常后，胰岛细胞得以生长，胰岛功能将逐渐恢复，从而达到治愈糖尿病的目的。

专家介绍，利用造血干细胞移植手术治疗糖尿病在国内外已有先例，2009年4月15日美国西北大学研究人员称，在23名接受造血干细胞移植手术的糖尿病患者中，无需注射胰岛素的平均时间达到31个月，其中一位患者在4年多的时间内无需使用外源性胰岛素。

从理论上讲，以往的造血干细胞移植存在一个技术漏洞，即在取出患者体内的造血干细胞后，没有经过体外纯化过程，再把它们重新回输到体内时，会将异常免疫细胞重新带入体内、从而导致糖尿病复发的危险。不过目前，自体纯化造血干细胞移植手术技术上已经很成熟。

因而，从某种意义上说，造血干细胞移植是一个技术平台，而非一个专科。随着时代的发展，医学上的跨学科合作已成为必然趋势。近年来，国内外利用造血干细胞移植治疗糖尿病的研究实践表明，造血干细胞移植和糖尿病治疗的跨学科合作，是医学攻关上的又一个突破。

名副其实的“万用细胞”

干细胞与体细胞的不同在于，体细胞在生命个体发育形成的过程中，多数细胞的最终“命运”在胚胎发育的初期便被决定：这些细胞高度分化成特定的组织，如皮肤组织、心肌组织等，细胞也相应地分化成皮肤细胞、心肌细胞，它们不再具备再分裂能力并逐渐走向衰老和死亡；而干细胞就像人类命运那般充满着种种可能，它处于未分化状态，可以自我更新，具有再生成各种组织和器官的潜力，是名副其实的“万用细胞”。

人体干细胞

干细胞在形态上具有共性，通常呈圆形或椭圆形，细胞体积小，核相对较大，细胞核多为常染色质，并具有较高的端粒酶活性。端粒酶，在细胞中负责端粒延长的一种酶，是基本的核蛋白逆转录酶，可将端粒DNA加至真核细胞染色体末端。端粒在不同物种细胞中对于保持染色体稳定性和细胞活性有重要作用，端粒酶能延长缩短的端粒（缩短的端粒其细胞复制能力受限），从而增强体外细胞的增殖能力。

根据干细胞所处的发育阶段，可分为胚胎干细胞和成体干细胞；根据干细胞的发育潜能，则可分为全能干细胞和多能干细胞。胚胎干细胞的发育等级较高，是全能干细胞，可直接克隆人体；而成体干细胞的发育等级较低，是多能干细胞，可直接复制各种脏器和修复组织。

干细胞具有经培养可不定期地分化并产生特化细胞的能力。在正常的人体发育环境中，它们得到了最好的诠释。人体发育起始于卵子的受精，产生一个能发育为完整有机体潜能的单细胞，即全能性受精卵。受精后的最初几个小时内，受精卵分裂为一些完全相同的全能细胞。这意味着如果把这些细胞的任何一个放入女性子宫内，均有可能发育成胎儿。实际上，当两个全能细胞分别发育为单独遗传基因型的人时，即出现了各方面都完全相同的双胞胎。

大约在受精后四天，经过几个循环的细胞分裂之后，这些全能细胞开始特异化，形成一个中空环形的细胞群结构，称之为胚囊，胚囊的内层细胞团的细胞即为胚胎干细胞。其“全能”是因为在胚胎的发生发育中，单个受精卵可以分裂发育为多细胞的组织或器官，胚胎的分化形成和成体组织的再生是干细胞进一步分化的结果。也就是说在理论上，胚胎干细胞具有分化为身体所有组织和器官的能力。

而成体组织或器官内的干细胞一般认为具有组织特异性，只能分化成特定的细胞或组织。然而近年来的研究表明，组织特异性干细胞同样具有分化成其他细胞或组织的潜能，这为干细胞的应用开创了更广泛的空间。

移植修复受损细胞

疾病发生的原理是细胞或组织变性、死亡，功能减弱或丧失，从而出现疾病。干细胞治疗，是把来源于自体或异体的干细胞，通过血管输注或局部注射等方式，送到身体中有病变的组织，由于干细胞能够维持自我更新并可以分化成各种人体需要的细胞类型，新分化出的细胞在回移到人体后不会产生排斥反应，科学家正致力于利用干细胞的分离和体外培养，在体外繁育出组织或器官，并最终通过组织或器官移植，将病人的致病基因“修复”为正常基因，从而达到治疗疾病的目标。

因为干细胞是一种未分化未成熟的细胞，其细胞表面的抗原表达很微弱，患者自身的免疫系统对这种未分化细胞的识别能力很低，无法判断它们的属性，从而避免了器官移植引起的免疫排斥反应及过敏反应等，使同种异体移植神经干细胞变得非常安全。迄今为止，尚未发现干细胞移植治疗导致重大的副作用或不良反应。但任何一种疗法都可能会有副作用，所以无法肯定副作用不会发生。

但从理论上说，应用干细胞技术能治疗神经系统、循环系统等多种系统的各种疾病，且较很多传统治疗方法具有无可比拟的优点：

1. 安全：低毒性（或无毒性）；
2. 在尚未完全了解疾病发病的确切机理前也可以应用；
3. 治疗材料来源充足；
4. 治疗范围广阔；
5. 是最好的免疫治疗和基因治疗载体；
6. 传统疗法认为是“不治之症”的疾病，又有了新的疗法和新的希望。

对那些目前用传统医学方法尚无有效治疗途径的疾病，如癌症、心肌坏死性疾病、白血病、肝病、肾病及皮肤烧伤等，干细胞治疗将会有显著的疗效。如果与基因治疗相结合，还可以治疗众多遗传性疾病。

目前，干细胞治疗常用的有六种途径：介入途径、局部种植、静脉途径、腰穿途径、头部立体定向颅内干细胞移植、CT引导下脊髓内干细胞移植。

人类基因组计划

破译人类遗传信息之路

1986年，病毒学家同时也是诺贝尔生理学和医学奖的获得者雷那托·杜贝尔克在《科学》杂志上发表短文《癌症研究的转折点：人类基因组测序》，他指出：如果人类想要更多地了解癌症，就必须集中注意力于细胞的基因组……人类癌症的研究将会因对于DNA更为细致的了解而获得巨大的提升。

基因研究开始受到重视

人类基因组计划（简称HGP）是一项规模宏大的科学计划，其旨在测定组成人类染色体（指单倍体）中所包含的30亿个核苷酸序列的碱基组成，从而绘制出人类基因组图谱，辨识并呈现其上的所有基因及其序列，进而破译人类遗传信息。

人类基因组计划是人类为了解自身的奥秘所迈出的重要一步，是继曼哈顿计划和阿波罗登月计划之后，人类科学史上的又一个伟大工程。截至2005年，人类基因组计划的测序工作已经基本完成。其中，2001年人类基因组工作草图的发表被认为是人类基因组计划的里程碑。

1920年，美国遗传学家托马斯·亨特·摩尔根发现了染色体的遗传机制，提出基因位于染色体上，并由此建立了基因学说。1944年，奥斯瓦尔德·埃弗里、科林·麦克劳德和麦克林·麦卡蒂发现DNA是携带遗传信息的分子，从而促使人们认识到基因是由DNA所编码的。

进入20世纪下半叶，癌症逐渐成为人类健康的头号杀手。从1960年开始，美国政府不断投入资金进行癌症研究。1971年，在当时的美国总统尼克松的推动下，美国国家癌症研究所启动了“向癌症开战”计划，期望能够在5年内治愈癌症，但这一花费了数十亿美元的计划却并没有达到预期目标。尽管如此，科学家们还是认识到包括癌症在内的疾病与基因之间存在着紧密联系，关于基因的研究不断发展。同时，作为基因研究的分子基础，基因的碱基序列（即DNA序列）的测定开始受到重视。

人类基因组计划目的

在开展基因组计划之初，人类面临两种选择，要么试图用零碎的研究去发现与恶性肿瘤相关的重要基因，要么干脆对选定的动物物种进行全基因组测序……从哪个物种着手努力呢？这成了科学家们思考的问题，最终，科学家们还是决定从人类的基因组着手。因为在不同的物种中癌症的基因控制似乎是不同的，而且人类是“进化”历程上最高级的生物。

人类基因组计划是：测出人类基因组DNA的30亿个碱基对的序列，发现所有人类基因，找出它们在染色体上的位置，破译人类全部遗传信息。

此外，在人类基因组计划中，还包括对五种生物基因组的研究：大肠杆菌、酵母、线虫、果蝇和小鼠，称之为人类的五种“模式生物”。

因而，人类基因组计划的目的是解码生命、了解生命的起源、了解生命体生长发育的规律、认识种属之间和个体之间存在差异的起因、认识疾病产生的机制以及长寿与衰老等生命现象、为疾病的诊治提供科学依据。

我国人类基因组研究进程

为了能更好地了解中国（东亚）人的基因与复杂性疾病的关系，科学家急需一张真正的中国（东亚）人种特有的医学遗传图谱，利用这张图谱，能全面筛选中国（东亚）人种特异性的疾病基因，为后期基因预测、预防医学研究作好铺垫。为此，深圳华大基因研究院等研究机构的科学家计划通过实施“炎黄计划”，选取包括汉族、少数民族、东亚地区不同国家人群在内的

100个个体，建立东亚人种特异性的高密度、高分辨医学遗传图谱；利用医学遗传图谱，建立包括可用于筛查疾病相关基因的分子标记集，大规模筛查中国（东亚）人群特异性疾病。

第一个完整中国人基因组图谱绘制完成

绘制中国人基因组图谱项目由来自深圳华大基因研究院、生物信息系统国家工程研究中心及中国科学院北京基因组研究所的科学家共同发起并承担。该项目执行博士王俊说，遗传保证了生命的延续，而突变产生了不同物种以及人与人之间的差异。不同族群有着各自独特的遗传背景，对不同疾病的易感性也可能不一样。只有真正了解基因与疾病的关系，才能根据每个个体的基因进行疾病预测和检测，及早做出预防方案或进行针对性治疗。

科技人员表示，中国人要有自己的数据和参考样本，才能解决中国人特有的疾病遗传问题，进而掌握中国自己的基因检测技术。

自1999年正式加入“国际人类基因组计划”以来，该合作研究团队瞄准国家战略需求和世界科学前沿，在基因组研究领域积极参与国际协作，先后参与了“国际人类基因组计划”“国际人类单体型计划”等。同时对完成数个重要动植物基因组图谱绘制，包括水稻、家蚕、家鸡、家猪等作出了重要贡献，在基因组学研究领域跻身国际前列。

据了解，近年来测序新技术的应用，极大加速了解码生命的进程，成本降低了几个数量级，时间也大为缩短。2006年下半年，新一代DNA测序仪面世，速度提高了上百倍，成本大大下降，使得测定一个人基因组的费用由当初的几十亿美元下降至几十万美元，并有望在数年内降至千余美元的水平。科学仪器的自动化程度提高和工作成本的下降，使该合作团队提出了“炎黄计划”，即绘制中国人基因组序列图谱和多态性图谱的研究设想。在深圳市政府及相关企业的大力支持下，在深圳启动了这一研究项目。

2007年10月11日，我国科学家宣布成功绘制完成第一个完整的中国人基因组图谱，这也是第一个亚洲人全基因序列图谱。这项里程碑式的科学成果，对于中国乃至亚洲人的DNA、隐形疾病基因、流行病预测等领域的研究具有重要作用。

国际千人基因组计划

“国际千人基因组计划”由中国深圳华人基因研究院，英国桑格研究所，美国国立人类基因组研究所等共同发起并主导，采用新一代测序技术，科学家们构建了迄今为止最详尽的、最有医学应用价值的人类基因组遗传多态性图谱，该图谱包含约15万个SNPs（单核苷酸多态性），100万个插入/缺失，2万个结构变异，这些遗传变异绝大多数是最新发现的。根据分析，任何人95%以上的突变都可以在该数据中找到。研究人员发现，平均每个人大概携带250个到300个失去功能的突变，其中50到100个与遗传病有关。

该项目2008年启动，在此后的两年内研究人员对27个种群的2500个样本进行了研究，旨在认识不同人群间的差异。在基金会和多国家政府的支持下，该计划在2012年告一段落，取得可喜的成就。

深圳华大基因研究院叶葭博士介绍“任何两个人在基因水平上99%以上是一样的，只有小部分的基因组序列因人而异。了解这些差异能帮助我们了解人与人之间对疾病的易感性、对药物和环境因素的反应性的不同。”

近年来，大量的流行病学调查研究结果显示，某些疾病的发病率在种族之间存在明显差异。如高血压发病率在白种人中为5%~7%，而在黑人中可高达20%~30%，黄种人最低。我国不同民族间高血压的发病率也存在很大的差异。

但这种差异究竟从何而来？研究发现，不同人的基因组至少有99.99%的碱基对是相同的，只存在不到0.01%的差异。但这一被称为“单核苷酸多态性”的DNA链上单一碱基对的变化，不仅决定了人们是否易患某些疾病，也决定了不同种族之间在身高、肤色和体型等方面的差异。而目前科学家对其中的关系还知之甚少。

2003年4月14日，由美国、英国、日本、法国、德国与中国六国科学家参与、被誉为“生命科学登月计划”的人类基因组计划，完成了由30亿个碱基对组成的人类基因组DNA关键序列图的测序工作。中国科学院院士、国家人类基因组南方研究中心执行主任赵国屏研究员介绍说，已经完成的人类基因组图谱（序列）来自不同人种的5个个体，是一个参考图谱。为了在健康和医疗上应用，科学界必须认识不同类型人群之间在序列上的差异，以及这些差异与健康和疾病的相互关系，直到最后理解这些差异到表现的作用机理。

目前的人类遗传变异数据，如人类基因组单体型图（HapMap），已被证实对人类遗传研究很有价值。运用单体型图和相关数据，科学家已经发现了100多个与人类常见疾病相关的基因组区域。然而，由于现有的图谱还不够精细，研究者经常还需要通过既昂贵又费时的DNA测序来进一步精确地找到致病基因及其变异。通过千人基因组计划绘就的新图谱，将能让研究者更快地锁定与疾病相关的基因变异点，从而能够使用这些遗传信息更快地开发出常见疾病的诊断、治疗和预防的新策略。

该计划的目标是最后得到一张精度很高而且几乎覆盖全人类的基因组遗传变异图谱，以提供人类遗传变异的基础信息，用于研究人类各种特定的疾病。

所谓千人基因组计划并不只测序1000个人的基因组，而是要测序1000个人以上的基因组。首先是对其个人基因组图谱进行测序，对整个基因组情况有所了解，然后进行数量较多的个人基因组的比较分析。叶葭介绍，千人基因组计划的第一阶段先进行3项先导实验项目，这些项目的结果将用于决定如何高效且低成本地绘制这张人类遗传差异图谱。

首先，将包括两个核心家庭（双亲与一个成年子女）的全基因组深度测序，每个基因组的平均测序深度为20倍，即反复测定20次。这6个个体所产生的全面详尽的数据集，有助于确定这一计划如何使用新的测序平台识别遗传变异。这既是个人基因组图谱方法上的一种探索，也将作为整个计划中其他项目进行比较的基础。

其次，将对180个个体进行浅度测序，每个基因组的平均深度为两倍。这将用于测试新测序技术的浅度测序数据及检测和定位序列变异的能力。

最后，将测定1000个人的1000个编码区域（也叫外显子）的序列，其目的是探索如何更好地得到约占基因组2%的蛋白质编码基因的更详细的图谱。

在共同发起并参与国际千人基因组计划的同时，深圳华大基因研究院还在中国国内启动了“炎黄计划”，以便在更大范围内研究中国人群的遗传变异，绘制高分辨率的中国人遗传变异图谱。在发布了第一个中国人的高质量基因组图谱——“炎黄1号”后，启动了第二阶段的“炎黄99”计划，该研究将对99

个中国人个体进行基因组测序及多态性比较。深圳华大基因研究院参与千人基因组计划所完成的中国人样品的测序将作为“炎黄计划”的一部分。

炎黄计划

“炎黄计划”的第一阶段工作于2007年10月完成，接下来的第二阶段工作“炎黄99”计划，由深圳华大基因研究院于2008年1月5日在北京宣布正式启动。

据悉，这将是世界上第一个非专业人士的基因图谱，此前绘制的 3 张人类基因图谱都来自科学界的专业人士，如“DNA之父”詹姆斯·沃森。

“炎黄计划”主要分为三步：2007年10月完成的“炎黄 1 号”黄种人基因组序列图谱是第一步；第二步是“炎黄99”计划，旨在进行99个人类个体基因组测序及多态性比较，构建黄种人的医学遗传多态性图谱，为此，深圳华大基因研究院计划征集99位自愿基因捐赠人，以完成这一计划；第三步是在此基础上开展的疾病研究等医学和健康相关应用研究。

深圳华大基因研究院院长汪建博士表示，中国人必须要有自己的数据和参考样本，才能解决中国人特有的疾病遗传问题，进而实现疾病的预测、预防、预警和有效个体化诊疗，最终提高人类的健康水平和生活质量。

2008年12月，美国《科学》杂志公布了该刊评出的2007年十大科学进展，“人类基因组差异研究取得进展”名列第一。

不过，深圳华大基因研究院叶葭博士表示，虽然绘制中国人基因组图谱的科学技术有了很大突破，但是测序一个人的基因组暂时还会在千万元人民币的成本上。希望在不远的将来，随着测序成本的不断降低，工作速度的不断提高，我们每个人得到自己的基因组图谱能变成像去医院做检查照X光一样简单。

人类基因组计划的重要任务

什么是基因组？基因组就是一个物种中所有基因的整体组成。人类基因组有两层意义：遗传信息和遗传物质。要揭开生命的奥秘，就需要从整体水平研究基因的存在、基因的结构与功能、基因之间的相互关系。

人类的DNA测序四种图谱

人类基因组计划的主要任务是人类的DNA测序，包括遗传图谱、物理图谱、序列图谱和基因图谱，此外还有测序技术、人类基因组序列变异、功能基因组技术、比较基因组学、社会、法律、伦理研究、生物信息学和计算生物学、教育培训等目的。下面我们主要来介绍人类的DNA测序的四种图谱：

一、物理图谱

物理图谱是指有关构成基因组的全部基因的排列和间距的信息，它是通过对构成基因组的DNA分子进行测定而绘制的。绘制物理图谱的目的是把有关基因的遗传信息及其在每条染色体上的相对位置线性而系统地排列出来。DNA物理图谱是指DNA链的限制性酶切片段的排列顺序，即酶切片段在DNA链上的定位。因限制性内切酶在DNA链上的切口是以特异序列为基础的，核苷酸序列不同的DNA，经酶切后就会产生不同长度的DNA片段，由此而构成独特的酶切图谱。因此，DNA物理图谱是DNA分子结构的特征之一。DNA是很大的分子，由限制酶产生的用于测序反应的DNA片段只是其中的极小部分，这些片段在DNA链中所处的位置关系是应该首先解决的问题，故DNA物理图谱是顺序测定的基础，也可理解为指导DNA测序的蓝图。广义地说，DNA测序从物理图谱制作开始，它是测序工作的第一步。制作DNA物理图谱的方法有多种，这里选择一种常用的简便方法——标记片段的部分酶解法，来说明图谱制作原理。

用部分酶解法测定DNA物理图谱包括两个基本步骤：

1. 全降解

选择合适的限制性内切酶将待测DNA链（已经标记放射性同位素）完全降解，降解产物经凝胶电泳分离后进行自显影，获得的图谱即为组成该DNA链的酶切片段的数目和大小。

2. 部分降解

以末端标记使待测DNA的一条链带上示踪同位素，然后用上述相同酶部分降解该DNA链，即通过控制反应条件使DNA链上该酶的切口随机断裂，而避免所有切口断裂的完全降解发生。部分酶解产物同样进行电泳分离及自显影。比较上述二步的自显影图谱，根据片段大小及彼此间的差异即可排出酶切片段在DNA链上的位置。

二、遗传图谱

又称连锁图谱，它是以具有遗传多态性（在一个遗传位点上具有一个以上的等位基因，在群体中的出现频率皆高于1%）的遗传标记为“路标”，以遗传学距离（在减数分裂事件中两个位点之间进行交换、重组的百分率，1%的重组率称为1厘米）为图距的基因组图。遗传图谱的建立为基因识别和完成基因定位创造了条件。

6000多个遗传标记已经能够把人的基因组分成6000多个区域，使得连锁分析法可以找到某一致病的或表现型的基因与某一标记邻近（紧密连锁）的证据，这样可把这一基因定位于这一已知区域，再对基因进行分离和研究。这对于疾病而言，有着至关重要的意义。

三、序列图谱

随着遗传图谱和物理图谱的完成，测序就成为重中之重的工作。DNA序列分析技术是一个包括制备DNA片段化及碱基分析、DNA信息翻译的多阶段的过程，通过测序得到基因组的序列图谱。大规模测序的基本策略分为：

逐个克隆法，对连续克隆系中排定的BAC克隆逐个进行亚克隆测序并进行组装（公共领域测序计划）。

全基因组鸟枪法，在一定作图信息基础上，绕过大片段连续克隆系的构建而直接将基因组分解成小片段随机测序，利用超级计算机进行组装。

四、基因图谱

基因图谱是在识别基因组所包含的蛋白质编码序列的基础上绘制的结合有关基因序列、位置及表达模式等信息的图谱。在人类基因组中鉴别出占据2%~5%长度的全部基因的位置、结构与功能，最主要的方法是通过基因的表达产物mRNA反追到染色体的位置。

所有生物性状和疾病都是由结构或功能蛋白质决定的，而已知的所有蛋白质都是由mRNA编码的，这样可以把mRNA通过反转录酶合成cDNA或称作

EST（表达序列标签）的部分的cDNA片段，也可根据mRNA的信息人工合成cDNA或cDNA片段，然后，再用这种稳定的cDNA或EST作为“探针”进行分子杂交，鉴别出与转录有关的基因。

它能有效地反映在正常或受控条件中表达的全基因的时空图。通过这张图可以了解某一基因在不同时间、不同组织、不同水平的表达；也可以了解一种组织中不同时间、不同基因中不同水平的表达，还可以了解某一特定时间、不同组织中的不同基因不同水平的表达。

扩展新的药物靶

人体基因组图谱是全人类的财产，这一研究成果理应为全人类所分享、造福全人类，这是参与人类基因组工程计划的各国科学家的期望和共识。当然，这一期望也在逐渐变成现实。

在过去的世纪里，制药产业很大程度上依赖于有限的药物靶来开发新的治疗手段。知道了人类的全部基因和蛋白质将极大地扩展合适药物靶的寻找。虽然，仅仅人类的小部分基因可以作为药物靶，目前可以预测这个数目在几千，但这个前景将导致基因组研究在药物研究和开发中的大规模开展。

中国模锻压机发展
——航空强国必备

世界各国模锻压机发展体系

大型模锻压机是以军事需求为主、军民兼用的多功能重型模锻压机，同时也是机械制造行业中的关键设备，是衡量一个国家制造水平和能力的重要标志之一，尤其是对于锻造能力超过100MN（1万吨）的机械设备更是如此。而我国由于缺乏模锻加工设备，长期以来，核反应堆容器都需要依赖国外进口。可喜的是，我国在核工业领域这一被动局面，在近年来由于新的大型模锻压机的研制和装备，得到迅速扭转。2002年中国第一重型机械集团公司研制了“15000T锻造水压机”，该机成功锻造了世界首支直径5.75米的百万千瓦核电蒸发器锥形筒体及整体顶盖等特大锻件，改变了我国核反应堆大型锻件受制于人的局面。

问鼎世界最大模锻压机

1795年，英国的J. 布拉默应用帕斯卡原理发明了水压机，用于打包、榨植物油等。到19世纪中期，英国开始把水压机用于锻造，水压机逐渐取代了蒸汽锻锤。1893年英国建造了当时最大的120MN（12000吨）的锻造水压机，主要用来锻造大的钢锭。到19世纪末，美国制成126MN自由锻造水压机。19世纪末20世纪初，现代化工业发展迅猛，锻造液压机和模锻液压机迅速发展，德国在二战期间建造了三台150MN的锻造水压机和一台300MN的大型模锻水压机。1955年，美国已先后建成了100MN和162MN模锻水压机各一台，315MN和450MN模锻水压机各两台，苏联也在1959年后陆续建成300MN模锻水压机三台和750MN模锻水压机两台，法国于1976年从苏联引进了一台650MN多向模锻水压机。截至20世纪末，全世界共有万吨以上模锻水压机30余台，美、苏各有10余台，约占总台数和总吨位的70%左右。

在我国，重型模锻液压机的建造始于20世纪60年代末，中国第一重型机器厂为西南铝加工厂制造了一台300MN模锻水压机。其后，国家又进行了650MN多向模锻水压机、600MN预应力混凝土多向模锻水压机以及200MN多向模锻压机的研究和试制。虽然因种种原因这些项目没有上马，但其间发展出来的预应力钢丝缠绕技术和超高压液压技术则被成功地应用到重型板料成形液压机（100~400MN）和重型陶瓷砖压机（48~78MN）的制造中，并已形成了批量生产。

1974年，我国建成300MN有色金属模锻水压机，120MN自由锻造水压机等多项重大机械装备，形成我国基础工业，航空航天武器装备和其他军事重大装备的基本制造能力。但我国拥有的这些巨型锻压设备就其能力而言，仅相当于20世纪德国40年代和美国、俄罗斯、法国50年代所拥有的锻压设备能力。美、俄、法三国在几十年前便建成了450~750MN世界级的大型模锻液压机并大力研发锻压工艺，奠定了生产大型整体精密模锻件的物质和技术基础，使他们研制生产的航空航天产品始终处于世界领先地位。

随着我国综合国力迅猛增长，工业实力日益雄厚，国家战略发展需求变得极为强烈，大型模锻、自由锻压机纷纷上马研制。2002年第一重型机器公司研制了“15000T锻造水压机”。该机是目前世界上最大、性能最先进的自由锻造水压机，研制中首创了平接式全预应力组合框架和方立柱十六面可调间隙的平面导向结构，首创了以油-水联合控制高压大流量水阀、运动部分位置自适应及瞬时失载控制、工作缸冲击偏载预控为核心的精稳控制技术，2007年获黑龙江省科技进步特等奖，2008年获国家科技进步一等奖。该机成功锻造了世界首支直径5.75米的百万千瓦核电蒸发器锥形筒体及整体顶盖等特大锻件。2012年3月31日，由中国中冶所属中国二十二冶集团有限公司承包制造、清华大学机械工程系设计的西安三角航空科技有限责任公司400MN航空模锻液压机一次性热试成功。8万吨重型模锻液压机也落户西安阎良国家航空高技术产业基地，专门用来支持我国航空工业部件制造。中国第二重型机械公司也研制了8万吨模锻压机，该机也是世界上最大的模锻压机，超过了此前世界最大的俄罗斯7.5万吨模锻压机。至此，我国在研和研制完毕的大型模锻压机已经有至少两个8万吨级、一个4万吨级，已经超过俄罗斯拥有两个7.5万吨级大压机的加工能力，而且还研制了世界上最大的自由锻水压机，可以说中国大压机已经问鼎世界。

对我国的战略意义

飞机制造领域：飞机结构的主要承力部件的组成部分都采用模锻件，其制造水平对飞机所能达到的最高性能水平、可靠性、寿命和技术经济效益有重大影响。工业发达国家的学者常把锻压技术，特别是大型模锻件的制造技术，作为衡量一个国家航空工业水平的重要标志。随着现代航空装备对高性能、高减重、长寿命、高可靠性以及低成本制造技术等需求的不断提高，现代飞机和发动机进一步向结构整体化、零件大型化的方向发展。

构件大型整体化可以大幅度减少零件数量，从而减少零件之间连接所增加的质量；同时避免了由于连接带来的应力集中，提高构件结构寿命和可靠性；通过减少零件数量，还可大量减少工装数量和加工工装的工时，从而降低制造成本。1950年，美国为发展飞机制造业，开始实施“空军重型压机计划”，这期间梅斯塔（MESTA）公司为美国铝业公司制造1台450MN模锻液压机，同时劳威公司（LOEWY）为威曼高登锻造（Wyman-Gordon）公司制造了1台450MN模锻液压机和1台315MN模锻液压机。谁能想到这几台60年前研制的大型模锻压机却是现在美国最先进战斗机的关键生产设备。

威曼高登公司是美国生产钛合金锻件的专业公司，为新型飞机生产了一系列目前世界上最大尺寸的钛合金整体闭式模锻件。我们看看这个公司在利用450MN模锻液压机来生产什么部件，就能了解8万吨模锻压机对我国航空制造业的价值了。威曼高登公司目前主要的加工产品包括：（1）F-22战斗机4个承力隔框，锻件投影面积为4.06~5.67平方米。（2）F-22中机身整体隔框闭式模锻件，整体锻件投影面积达到5.67平方米，是迄今为止世界上最大的航空用钛合金整体隔框锻件。（3）F–22后机身发动机舱整体隔框闭式模锻件，材料为TI–6Al–4V钛合金，锻件长3.8米，宽1.7米，投影面积超过5.16平方米，质量达1590千克。（4）波音747主起落架传动横梁，材料为TI–6Al–4V钛合金，锻件长6.20米，宽0.95米，投影面积4.06平方米，质量达1545千克。而欧洲由于大型模锻压机加工能力不足，空客A380多个部件都要利用俄罗斯750MN模锻压机加工。这导致空客A380的结构部件加工水平远高于只有450MN模锻压机的美国波音飞机。我国400MN模锻压机和800MN压机投产之后，尤其是在西安装配的800MN模锻压机能够锻造出世界上质量最高的钛合金结构部件，这无疑会对我国第四代战斗机、大型军用运输机、大型客机的结构部件加工有巨大的战略价值。

航空动力领域：航空发动机中多个关键部件是模锻工艺制造而成，其中风扇叶片、压气机整体叶盘和涡轮盘等关键部件都需要使用大型模锻压机加工制造。美国目前建有1台50MN、2台80MN、1台100MN全封闭真空等温锻造压机，能够生产外径达1000毫米、质量达1000千克的钛合金、高温合金盘形件。美国Ladish公司2007年开始筹建1台125MN的真空等温锻造设备，以满足高性能发动机对更大尺寸等温锻造盘件的需求。目前，美国第三代F100和F110系列涡扇发动机以及第四代F119系列涡扇发动机的风扇叶片、压气机叶盘和涡轮盘全部是以上设备生产的。尤其是涡轮盘材料及其成形技术也是发展高推重比发动机的关键技术之一，F119发动机之所以拥有傲视全球的性能，与其将两种材料锻造在一起的双性能涡轮盘有着紧密联系。

美国能够用于生产高性能粉末冶金涡轮盘的设备只有休斯敦的1台300MN多向模锻液压机。该设备曾因一次意外爆炸导致休斯敦的挤压设备停产几个月，致使美国所有军、民用航空发动机用粉末冶金部件全线告急，包套的粉末冶金迫不得已只能空运到位于苏格兰的另一台挤压设备上进行，这也是在整个西半球上唯一能替换高性能粉末冶金涡轮盘加工的设备。由此可见，大型模锻压机这种尖端工业加工设备简直是“振国之宝”“工业桂冠”，谁拥有这样的尖端加工能力，谁就掌握了航空工业发展的话语权。

核工业领域：1999年2月2日，日本三菱重工株式会社（MHI）在其神户造船厂及机械工厂向中国秦山二期1号核电机组（压水堆，功率为600MW）

交付了一台反应堆容器。目前核反应堆压力容器，蒸汽发生器，稳压器，堆内构件均多采用大型锻件组成。核岛设备大型锻件的先进性、可靠性与其所采用结构材料的质量、性能的优劣有着十分密切的关系。中国第二重型机械公司也研制了“16000T锻造水压机”，该机加工出我国首套1000兆瓦核电半速转子并且形成批量生产能力，1400兆瓦核电半速转子也在研制当中。上海重机厂研制了1.65万吨自由锻造油压机，该机能够锻造二代加型100万千瓦级核电站压力容器和特大功率船用低速柴油机曲轴。

回顾中国近代史，中华民族之所以屡遭列强欺凌，最根本的缘由就是农业文明没有与工业文明对抗的能力。痛定思痛，从新中国建立那天起，中华民族就开始了工业化道路的艰难跋涉，国力不足，我们勒紧裤腰带，列强卡脖子，我们自立自强。正是由于民族血脉中流动的近乎壮怀激烈的自强精神，中国的综合国力飞速发展！

在已经落实400MN模锻压机和800MN模锻压机，使其成为世界模锻加工能力翘楚之后，中国又开始了新的征程！据悉，苏州昆仑先进制造技术装备有限公司将联合清华大学等机构，整合各方资源，设计制造世界最大的1000MN（10万吨）大型模锻液压机！而且清华大学已经完成了1600MN，也就是16万吨模锻液压机的研制和总体设计。

万吨级机械“巨人”设计师

沈鸿，中国机械工程专家。中国科学院院士。1906年5月19日生于浙江海宁。中国机械工业的卓越领导人之一。是我国第一台12000吨水压机的总设计师。主持制造了用于冶金工业的30000吨模锻水压机，80~300毫米钢管轧机和特薄板轧机等“九大设备”，组织编写了中国第一部《机械工程手册》《电机工程手册》大型工具书，为我国机械工业的发展作出了贡献。

林宗棠，高级工程师。福建闽侯人。1949年毕业于清华大学机械系。林宗棠原为上海重型机器厂总设计师、总工程师。由他担任副总设计师制造的万吨水压机是社会主义建设时期具有代表性的工业和科技重大成果。在制造过程中，闯过了“电”“木”“火”“金”“水”五个大关，1962年6月，我国第一台“身高”23.65米，相当于7层楼高的1.2万吨锻压水压机终于试制成功，它标志我国重型机器制造业进入一个新的阶段。

在摸索中前进

1961年12月，江南造船厂成功地建成国内第一台12000吨水压机，为中国重型机械工业填补了一项空白。

由于经济建设发展迅速，电力、冶金、重型机械和国防工业都需要大型锻件，当时国内只有几台中小型水压机，根本无法锻造大型锻件，所需的大型锻件只得依赖进口。

1958年5月，在中共八届二中全会上，第一机械工业部副部长沈鸿给中共中央主席毛泽东写了一封信，建议利用上海的技术力量，自力更生，设计制造自己的万吨水压机，彻底改变大型锻件依赖进口的局面。

沈鸿的建议得到毛泽东的支持，并将这封信批给邓小平同志，很快就把建造万吨水压机的任务下达到上海。中共上海市委明确表示：要厂有厂，要人有人，要材料有材料，一定要把万吨水压机搞出来！

经过中央有关部门的研究，决定由沈鸿任总设计师、林宗棠任副总设计师，组成设计班子。万吨水压机安装在上海闵行重型机器厂内，由江南造船厂承担建造任务。

建造万吨水压机在一无资料、二无经验、三无设备的情况下，总设计师沈鸿和副总设计师林宗棠带着设计人员，跑遍全国有中小型锻造水压机的工厂，认真考察和了解设备的结构原理及性能。用纸片、木板、竹竿、铁皮、胶泥、沙土等材料做成各种各样的模型，进行反复比较，广泛听取意见，最后确定设计方案。

全体设计人员尊重科学，注重实践，决定先将万吨水压机缩小成1/10，造1台1200吨水压机，让它投入生产，进行模拟试验。在1200吨水压机的制造过程中，由于没有锻造大型铸钢件的设备，因此决定采用“钢板整体焊接结构”，将“上横梁、活动横梁、下横梁”3座横梁用多块钢板焊接成一个整体。但整体焊接究竟能承受多少压力，谁也说不清楚，为了确保安全，先造一台120吨水压机作试验。不久，一台120吨水压机制造成功，经过实际考验，压力增加到430吨，横梁完好无损，于是当即决定12000吨水压机3座横梁采用整体焊接的方案。这是一次工艺改革，不仅使横梁总重量从原来的1150吨减轻到570吨，同时使机械加工和装配工作量也减少了一半以上，为国家节约了大量资金。

闯过“金、木、水、火、电”五关

1959年2月，江南造船厂成立万吨水压机工作大队，从而拉开了打一场加工制造硬仗的序幕。沈鸿和林宗棠早已做好了思想准备，万吨水压机除了重和大，精密之外，要完成万吨水压机的建造任务，还得闯过“金、木、水、火、电”5个大关。“金”是金属切削；“木”是大摆楞木阵，闯过起重运输关；“水”是水压试验关；“火”是热处理关；“电”是特大件电渣焊接关。

首先要过的是“电”关。万吨水压机的3座横梁、4根立柱和6只工作缸都是采用铸钢件焊接来代替整段结构，焊缝厚度一般为80~300毫米，最厚的达600毫米。如果将全部焊缝折成100毫米厚，它的长度可延伸3千米以上；如果用一般的手工焊，一个电焊工要足足干30年才能焊完。电焊的重担落在工人工程师唐应斌肩上。此时，国外有一种“电渣焊”的新技术，能焊很厚的工件，于是沈鸿提议试一试。电渣焊研究室很快成立了，唐应斌等的试验从1200吨水压机的大件开始，经过一段时间的摸索，全面掌握了电渣焊这项新技术，经鉴定，万吨水压机的焊缝质量完全符合技术要求，焊缝性能如同原材料一样好，焊接变形也控制在设计要求之内。

接着攻克“木”关。万吨水压机的肢体重，100吨上下的零件12个，50吨左右的零件20余个，最大的部件为300吨。万吨水压机的工地设在上海重型机器厂金加工车间，厂房的屋顶刚刚盖好，里面只有一台8吨的履带式起重机和一些小型千斤顶，靠这几件工具设备是不可能把大部件运进车间的。起重组长魏茂利受到大船下水用滑板涂上牛油把几千吨重的船体稳稳推下黄浦江的启示，建议用同样方法，铺下了长长的木滑板，木滑板涂了一层厚厚的牛油，就这样把一只只上百吨重的零件慢慢地拖进了加工车间。

工件进车间的难题解决了，而重达300吨的下横梁要翻身，没有能吊300吨重的大吊车，横梁翻身成了难题。沈鸿想出一个办法，做两只6米高的翻身架，在下横梁两侧的中心部位各焊上一根轴，装上钢丝绳，用四五十只千斤顶，将下横梁一毫米一毫米地往上顶高至6米高处的翻身架上，然后轻轻地一拉钢丝绳，300吨重的庞然大物就可自如地转动起来。这一办法被工人们称为“蚂蚁顶泰山”“银丝转昆仑”。

水压机的3座横梁焊接后，必须放进炉子里进行热处理，这样焊接处就不会断裂。一座长10米、宽8米、高4米的横梁要热处理，必须有相应的炉子，林宗棠和工人们经过努力，砌成一只长14米、宽11米、高7米的特大型炉子。横梁热处理工序是：炉内温度烧到900℃，经保温后，再让工件逐渐冷却，但这样做降温太慢，于是工人们打破在100℃左右拆炉门的常规，当炉内温度还在400℃就开始拆炉门。第一次整整用了7小时，才把3万块耐火砖砌成的炉门拆下；第二次拆炉门时，工人们搞了技术革新，只花了2小时；第三次拆炉门时，又搞了个机械化，结果不到1分钟就拆完了炉门。经过试验测定，3座横梁顺利地通过了“火”关，质量完全符合要求。

攻克了“火”关，再攻金属切削关。3座横梁金属切削精密度要求极高，当时又没有10米以上的大刨床，困难自然不少。工程师在技术人员和工人的配合下，搞技术革新，用几台移动式土铣床直接放在横梁上加工，并用53把刀盘同时铣削，不但加快了进度，而且各刀盘间的接缝处理得非常好，质量超过设计要求。3座横梁上各有4个大立柱孔，要求同一直线上不能误差0.7毫米，厂里没有大型精密镗床，林宗棠和工人们经过研究，采用4根简易镗排同时加工。加工开始后，工人们几天几夜不离机床，在精加工最后一刀时，他们扛来几十斤重的量具，上上下下量了100多次，最后使3座横梁12个孔累计误差只有0.24毫米。金属切削关的攻克，为万吨水压机精确安装奠定了基础。

1961年12月13日，万吨水压机开始总体安装，只用了2个月时间。在上海交通大学和第一机械工业部所属的机械科学研究院等单位协助下，工人们对这个高20余米，重千余吨的“巨人”进行详细的“体检”——应力测定试验。“体检”时间用了三四个月，然后开始进行超负荷试验，强攻“水”关。

在总设计师沈鸿的指挥下，高压水泵发出嗡嗡的声响，压力表的指针缓缓上升：8000吨，正常；10000吨，良好；12000吨，没问题；16000吨，机器完好无损。在人们的欢呼声中，第一台万吨水压机建造成功了。

这台万吨级锻造水压机，从调研设计到投产，历时4年，其中1年半时间进行调研、设计和试验，2年加工制造，半年时间安装试车。1962年，朱德同志视察万吨水压机时兴奋地说："这台机器制造成功，代表了我国的工业发展已达到一个新的水平。过去，外国人不相信我们能造这样大的机器；现在，事实说明了我们中国人是有能力的，不仅能造万吨水压机，而且造得好，造得快。"

万吨水压机建成后，为国家电力、冶金、化学、机械和国防工业等部门锻造了大批特大型锻件；30多年来，万吨水压机仍在正常运转，为社会主义建设作出了重大的贡献。

世界顶级模锻设备

美国的2台450MN模锻液压机、俄罗斯2台750MN模锻液压机和法国的1台650MN模锻液压机，再加上我国新研制装备的1台400MN模锻液压机和2台800MN模锻液压机，构成了世界顶级模锻设备分布体系。

大型模锻压机简介

在大型机械设备和重要装备中，如轧钢、电站（水电、火电、核电）、石油、化工、造船、航空、航天、重型武器等，都要采用大型自由锻件和大型模锻件，这些大锻件都是采用大型自由锻压机和大型模锻压机来锻造。因此，大锻件生产在先进工业国家都放在非常重要的地位，从一个国家所拥有大型自由锻压机和大型模锻压机的品种、数量和等级，就可衡量其工业水平和国防实力。

大型模锻压机主要用于铝合金、钛合金、高温合金、粉末合金等难变形材料进行热模锻和等温超塑性成形。其锻造特点是可通过大的压力、长的保压时间、慢的变形速度来改善变形材料的致密度，用细化材料晶粒来提高锻件的综合性能，提高整个锻件的变形均匀性，使难变形材料和复杂结构锻件通过等温锻造和超塑性变形来满足设计要求，可节约材料40%，达到机加工量少的目标。等温模锻压机是航空、航天、宇航及其他重要机械生产重要锻件的关键设备。

为提高航空产品的整体性能，大型模锻件在航空锻件中所占比例及单件尺寸越来越大。对于飞机主承力框、梁等整体构件，美国、俄罗斯、法国等主要航空大国都采用4.5万~7.5万吨大型模锻压机进行加工。

模锻压机分水压机和油压机

液压机是一种以液体为工作介质，用来传递能量以实现各种工艺的机器。液压机除用于锻压成形外，也可用于矫正、压装、打包、压块和压板等。液压机包括水压机和油压机。以水基液体为工作介质的称为水压机，以油为工作介质的称为油压机。液压机的规格一般用公称工作力（千牛）或公称吨位（吨）表示。锻造用液压机多是水压机，吨位较高。为减小设备尺寸，大型锻造水压机常用较高压强（35兆帕左右），有时也采用100兆帕以上的超高压。其他用途的液压机一般采用6~25兆帕的工作压强。油压机的吨位比水压机低。

液压机利用帕斯卡定律（加在密闭液体上的压强，能够大小不变地由液体向各个方向传递）制成，能传动非常大的液体压强。水压机由于产生的总压力较大，常用于锻造和冲压。锻造水压机又分为模锻水压机和自由锻水压机两种。模锻水压机要用模具，而自由锻水压机不用模具。我国制造的第一台万吨水压机就是自由锻造水压机。

万吨水压机工作

万吨水压机于1961年由上海江南造船厂制成投入生产。这在当时的生产条件、设备来看，确是惊人创举。这种大型水压机可以产生上亿牛顿的压力，它能把九百吨，以至上千吨加热后的钢材像揉面似的压制成各种不同形状的钢件。这种经过锻压过的铁块，其内部变得密实、均匀，而且有韧性，制成的车轴、车轮等不易断裂，是造船厂以及重型机械制造厂在生产上不可缺少的设备。

它有两个特点：其一是既重又大，它的主机重2200多吨，高23.65米，基础深入地下40米，共有4万多个零件，其中有13个大件，1个主缸（6个分缸），4根大立柱，3个大横梁。水压机的主缸结构是用6个分缸代替一个大主缸，这是为了让它能产生几个不同的压力，同时避免制造工艺上的困难。主缸内的水压强很大，如果用一个大主缸，要求它能产生12000吨（1.2×10^8牛）的压力，按3.5×10^7帕的压强（相当于350千克/平方厘米）计算，需要直径为2.1米的大缸。对于这样大的缸，要求承担这样大的压强，不仅制造技术上有很大的困难，而且材料强度也很难满足要求。采用6个分缸，则每个分缸柱塞只要产生2000吨（2×10^7牛）的压力即可。对于这样的要求，只用0.83米直径的缸就可以，这就解决了制造缸的困难，同时又降低了对材料强度的要求。把一个大主缸分为6个分缸，在使用时可以根据不同的要求，改变使用缸的个数，分别产生4000吨、8000吨和12000吨的压力，这样锻件既可根据要求用不同的压力一次锻造，又可以采取递增压力来锻造，使锻造出的工件均匀、密实。水压机的四根大立柱每根大约高18米，粗1.2米，质量约90吨，立柱上有几个5吨的大螺帽。上横梁、下横梁及动横梁每个都有几百吨。

其二是精密，水压机的供水系统是由能产生350千克/平方厘米（约3.5×10^7帕）的12台高压水泵组、16个高压容器，几百个高低压阀门组成。对高压部分的各种零件要求高度精密，以防高压水漏出（漏出的高压水柱冲力很大，具有很大的破坏性，对建筑、设备及人身都有危险）。水压机使用时要求控制准确。对于这样的设备，使用安全是非常重要的。

工作水来源于相互接通的低压容器和水箱，其压强为大气压强。低压水进入高压水泵，经吸取加压后进入高压容器。再利用空气压缩机加压，推动其流入主缸和升降缸，加压后的水的压强大约为350个大气压（3.5×10^7帕）。

水压机的工作原理是帕斯卡定律，虽然原理比较简单，但制造工艺比较复杂、工作过程也比较复杂。其中工作过程是：首先把开停阀手柄放在“右”端位置，这时高压水通过三通接头，由管进入升降缸，于是高压水顶起动横梁和主缸柱塞，主缸中的水被推挤，经管流入低压容器，再返回水箱。然后搬动开停阀手柄放在左边位置上，这时高压水经三通接头由管进入主缸，向下压柱塞，当柱塞下端的上砧接触锻件时，水压机开始锻造工作。这时升降缸中的水被推挤，经管进入低压容器，再返回水箱。重复以上过程，就可以对锻件连续进行锻造。完成锻造任务后，把开停阀手柄再搬到“右”端位置，顶起主缸柱塞，运走锻件后再把开停阀手柄放在“停”的位置，这就封闭了高压容器流动管，使水压机停止工作，于是完成了一个完整的工作过程。

核能的和平利用

秦山核电站

1991年12月15日5时14分，秦山核电站首次并网发电，试验成功。这一历史性的时刻值得我们永远记住。这一切都要追溯到一项代号“728”的工程。1970年，上海市曾发生过一次大规模的停电。纺织厂、制造厂被迫轮流停工，减产给支撑全国GDP半边天的上海带来了巨大的损失。情况汇报给了周恩来总理。考虑到华东地区当时缺煤少油的状况，周总理下了决心：从长远来看，要解决华东地区的用电问题，要建核电站。1970年2月8日，周总理提出要建设核电站，因此，建设秦山核电站的代号为“728”。

核能的优越性

核能之所以发展如此迅速，是由核电自身的优越性决定的。

核能是高度浓集的能源

核电站可建立在最需要用电的地方，不受燃料运输的限制。1千克铀裂变产生的热量相当于1千克标准煤燃烧后产生热量的270万倍。因此，核电站特别适合于缺乏常规能源而又急需用电的地区，如我国的东南、华南地区。同时，核能是后备储量最丰富的能源，铀在地球上的储量相当丰富，等于有机燃料储量的20倍。

核能是清洁的能源

目前，世界上80%的电力来自烧煤或烧油的火力发电站，燃烧后的烟气排放到大气中严重污染环境。相同规模的火电站释放出的放射性比核电站大几倍，煤燃烧后排放的一氧化碳、二氧化碳、硫化氢和苯并芘，容易形成酸性雨，使土壤酸化，水源酸度上升，对植物及水产资源造成有害影响，破坏生态平衡。苯并芘释放到大气中以后，极易与大气中各种类型微粒所形成的气溶胶结合在一起，在8微米以下的可吸入尘粒中，被吸入肺部的比率较高，经呼吸道吸入肺部，进入肺泡甚至血液，导致肺癌和心血管疾病。

一个成年人每天要呼吸约14千克的空气，火电站污染造成的死亡几率是相同规模核电站的400倍。同时大气中二氧化碳浓度增加还导致大气层的"温室效应"。另外，煤和石油又是重要的化工原料，被大量用于发电十分不利于化学工业的发展，是十分可惜的浪费。

核能是安全的能源

经过几十年的发展和完善，核电站已成为最安全的发电站之一。我国核工业30多年的安全记录就是良好的佐证。一座反应堆运行一年称为一堆年，在美国三里岛事故（1979年3月，美国三里岛核电站曾发生堆芯失水而熔化和放射性物质外逸的重大事故）之前，全世界商用核电站已运行了1400堆年。三里岛事故后到1986年又安全运行2000堆年以上。三里岛事故是鉴于设计、管理、操作与设备的缺陷交织在一起而造成的十分罕见的事故，只要其中任何一个环节的问题得到排除，就不可能出现这样的后果。事故后果也没有舆论宣传的那样严重，事故中主要安全系统全都自动投入，有专家认为这从反面证实了核电站的安全性。1986年4月苏联切尔诺贝利核电站又出现了重大事故，专家们认为苏联核电站特别是早期的，安全设施较差，没有安全壳。而事故的直接原因是在进行试验时违反操作规程，导致信号指示和控制系统没有起作用。因而，现今国际原子能机构和各国的国家安全部门都建立了一系列的安全法规和准则，对核电站的安全进行了严格的管理。

需要特别指出的是，我国1989年11月建成的由清华大学核研院设计的5兆瓦低温核供热反应堆，是世界上第一座投入运行的核供热堆，也是世界上第一堆采用新型水力驱动燃料控制棒系统的核反应堆。这种反应堆设计有压力壳和安全壳，具有双重安全屏障、安全可靠，已运行5个冬季，未发现任何事故。据监测，5兆瓦低温堆向大气中排放出的放射性物质所造成的危害，只相当于吸一支香烟所造成危害的1/400，放射性污染是极其微小的。

核能还是经济的能源

世界上已运行核电站的经验证明，尽管它的造价比火电站高30%~50%，但由于燃料费和运输费较低，它的发电成本仍比火电约低30%，而且随着核电站的技术不断完善和提高，成本还将继续降低。日本能源经济研究所测算，至2010年日本的核电成本为8.9日元/千瓦小时，而煤电和油电成本分别为10.45日元/千瓦小时和13.06日元/千瓦小时。因此，有专家们预计，在未来的城市集中供热工程中，逐步采用低温核供热技术是必然趋势。

从愿景变为现实

建设核电站是一项宏大的系统工程，尖端程度甚至高过了研制原子弹和氢弹。上海市从学校、企业抽调了一批教师、技术人员开始了核电站的设计研究。最终，共有100多个科研单位、7个设计机构、11个施工单位、近600个设备制造厂参与了核电站建设。

查阅书籍、借鉴国际核能大会的资料、反复论证……专家们的目标逐渐明确下来：建造20万千瓦的压水堆核电站。当时，苏联的第一个核电机组是5000千瓦，美国的第一个也不过9万千瓦。

为了确定机组的功率规模，工程师们几乎跑遍了全国制造行业进行实地调研，从设备制造能力、加工制造水平、核工业科技能力等方面考虑，最终得出结论：我们可以造30万千瓦的核电机组。

1974年3月31日，中央专委会批准了30万千瓦压水堆型的核电站建设方案和设计任务书。这个日子成为我国核电工程史上重要的一天。

1983年6月1日，杭州湾，这新月形的海岸上，传来响彻云霄的炮声。秦山核电站破土动工了，这标志着我国“和平利用核能”的愿景开始变为现实。

可是，1986年4月26日，苏联切尔诺贝利核电站发生核外泄事故，国际上掀起了核恐惧，人们对建设中的秦山核电站的安全性也产生了质疑。老百姓甚至一提到核电站、原子能，就想到了原子弹，就恐惧。

为了安抚这种不必要的担忧，秦山核电站总设计师、中国科学院院士欧阳予做了个精妙的比喻：“一个原子弹里面用的核炸药——铀-235，它的浓度是90%以上，而核电站里面用的核燃料浓度是3%~4%。原子弹能爆炸，核电站爆炸不了。这就好比二锅头酒用火一点就点着了，而啤酒就点不着，这个道理是相同的。”

为保证安全，我国政府还分别于1989和1991年两次邀请了国际原子能机构的专家来到秦山核电站进行评审。最后专家的结论是：没有发现安全上的问题，预期秦山核电站将是一座高质量、安全、可靠的核电站。

1991年12月15日，秦山核电站首次并网发电试验成功。2008年1月12日13时45分，经过75天时间的努力，秦山核电站成功完成了投产以来最大的一次技术改造（包括7200余项检修项目，37项重大技术改造），顺利并入华东电网发电。欧阳予表示，这是秦山核电站投产以来最复杂的一次检修和技术改造，将使核电机组更“强壮”、更安全，运行寿命也将有效延长。

作为我国第一个自行设计、建设和运营管理的核电站，秦山核电站并不仅仅是光荣的技术手册，还表明了我国已经进入了为数不多的能够自主设计、建造核电站的国家的行列。

我国现有核电站

秦山核电站

我国的秦山（浙江省海盐县东南）核电站由上海核工程研究设计院等单位设计。采用目前世界上技术成熟的压水堆，核岛内采用燃料包壳、压力壳和安全壳三道屏障，能承受极限事故引起的内压、高温和各种自然灾害。电站1984年开工，一期工程包括建设一座30万千瓦核反应堆，安装3台共30万千瓦汽轮发电机组及建设配套厂房和输电设施，1991年建成投入运行，年发电量为17亿千瓦时；二期工程在原址上扩建2台60万千瓦发电机组，2002年2月并网发电。

大亚湾核电基地

坐落在广东省深圳市龙岗区的大亚湾核电基地，是中国目前在运行核电装机容量最大的核电基地。拥有大亚湾核电站、岭澳核电站两座核电站共6台百万千瓦级压水堆核电机组，年发电能力约450亿千瓦时。其中，大亚湾核电站所生产的电力70%输往香港，约占香港社会用电总量的四分之一，

30%输往南方电网；岭澳核电站所生产的电力全部输往南方电网。据2011年统计数据，两座核电站输往南方电网的电力约占广东省社会用电总量的9%。

田湾核电站

位于江苏省连云港市连云区田湾，厂区按4台百万千瓦级核电机组规划，并留有再建4台的余地。一期工程建设2台单机容量106万千瓦的俄罗斯AES-91型压水堆核电机组，设计寿命40年，年平均负荷因子不低于80%，年发电量达140亿千瓦时。

宁德核电站

位于福建省宁德市辖福鼎市秦屿镇的备湾村，距福鼎市区南约32千米，东临东海，北临晴川湾。规划建设6台百万千瓦级压水堆核电机组，一次规划，分期建设，一期工程拟建设4台百万千瓦级压水堆核电机组。2006年9月1日，国家发展改革委同意宁德核电站一期工程开展前期工作。主体工程于2008年2月18日正式开工，一号机组2012年投产，二号机组2013年投产。

我国核能和平利用历程

中国的核工业体系已经走过了它的创业时期，在近半个世纪的漫长岁月中，核科学技术人员为研制战略核武器，建立了卓越的功勋。国家进入新世纪以后，核工业战线上的数以十万计的职工也以新的姿态投入和平利用核能的新时期。同时，我国核工业确定要走“以核为主，多种经营”的道路。在着重搞好核能、核技术的开发和建设的同时，发挥核工业技术、设备等方面的优势，为国民经济和人民生活提供产品、技术和劳务服务。例如，铀矿选冶研究所还为冶炼黄金、制药工业中提取红霉素等改进生产工艺，收到了好的效果。

追赶世界的步伐

原子能为尽快结束第二次世界大战，争取和平，作出了历史性的贡献。第二次世界大战后，无论是战争力量还是和平力量都将目光集中到了当代科学技术的这一伟大成就上。为了遏止核讹诈政策，世界和平人士也希望新中国掌握核武器。

1951年10月，著名的国际和平战士、法国杰出的科学家约里奥·居里，约见中国的回国科学家，要他转告中国领导人：你们要反对原子弹，你们必须要有原子弹。原子弹也不是那么可怕的。约里奥·居里夫人还将亲手制作的10克含微量镭盐的标准源送给回中国的科学家，作为对中国人民开展核科学研究的一种支持。

新中国成立前，我国原子核科学高级研究人员，只有10人左右，且分散在各地。至于设备器材更是少得可怜。

中国科学院于1949年11月成立，随后接管了旧北平研究院原子学研究所以及旧中央研究院物理所的一部分，以此为基础，于1950年5月19日，成立了从事核科学研究工作的中国科学院近代物理研究所。从此，新中国第一个核科学研究机构组建起来了。经过一段时间的工作，我国的核物理实验技术达到了约相当于国际上20世纪40年代的水平。与此同时，我国地质部门关于寻找核资源，即铀矿勘探工作也在加紧进行。

核科研工作的起步，铀资源的发现和初探，国家基础工业的发展，在客观上创造了基本条件，形势的发展需要国家创建核工业。中共中央把这项工作提到了重要议事日程。

就是在条件极其恶劣的情况下，我国在1991年12月15日就将浙江秦山核电站建成，并且并网发电。这标志着中国的核能开始了新纪元。

立足国内，重视安全

我国发展核电是中外结合，以我为主，走自己的路。在堆型的选择上，秦山核电厂和广东核电站，都是采用压水堆型。在核燃料的供应上，用低浓铀作燃料；我国既有铀矿采冶的能力，也有铀同位素分离的能力，为了不在核燃料上受制于人，我国确定了“核燃料立足于国内”的方针。核燃料价格的高低，直接影响到核电的成本，影响到核电的经济效益。因此，就要求核工业部门采取各种措施，努力提高铀同位素分离技术，降低核燃料成本。

在我国核电建设起步以后，为了加强核安全管理，吸取国际经验教训，国务院于1984年10月成立了国家核安全局，独立地行使核安全监督的权力。在国家核安全局、建设部、卫生部、核工业部等有关部门的共同努力下，研究制订原子能法和有关核安全管理的法规、条例。

近、远期核能研究

核能利用除发电外，还可供热。我国核能供热的研究工作是从1981年开始的，核工业部与上海，于这年秋天共同开展了核热电站的可行性研究和初步设计工作。核工业部和清华大学，也于同期开始研究低温核供热方案。1990年9月，清华大学研制成功的世界第一座具备固有安全性的压力壳式5兆瓦低温核供热堆投入运行。世界上最大的200兆瓦低温核供热堆工业性试验示范项目，也在吉林化学工业公司筹建，于同月正式立项。

关于长远性的核能开发研究，主要指对快中子增殖反应堆和热核聚变反应堆（即第二代和第三代核电站将要采用的堆型）的研究。这方面，我国也已做了些工作。核工业部西南物理研究所的受控热核聚变研究实验装置“中国环统器一号”，于1984年9月投入试验运行，其研究工作已达到世界先进水平。

同位素应用

同位素和其他核技术的开发应用，是和平利用核能的重要方面，也是核工业为国民经济和人民生活服务的一个重要内容。

1982年，核工业部成立了中国同位素公司，负责组织同位素生产、供应和进出口贸易。中国核学会成立了核农学、核医学、核能动力、辐射工艺、同位素等19个分会，并多次召开各有关专业会议，推广核能、同位素和其他核技术的应用。

我国同位素能生产的品种越来越多，包括放射性药物、各种放射源、H_1^3、C_6^{14}等标记化合物、放化制剂、放射免疫分析用的各种试剂盒和稳定同位素及其标记化合物等。在同位素的生产单位中，中国原子能科学研究院同位素的生产量，就占全国总量的80%以上。我国同位素在国内的用户，由过去主要依靠进口，逐步转为大部分由国内生产自给。

随着同位素生产的发展，进一步促进了同位素和其他核技术在许多部门的应用，并取得了明显的经济效益和社会效益。

农业方面，采用辐射方法或辐射和其他方法相结合，培育出农作物优良品种，使粮食、棉花、大豆等农作物都获得了较大的增产。利用同位素示踪技术研究农药和化肥的合理使用及土壤的改良等，为农业增产提供了新的措施，其他如辐射保藏食品等研究工作也取得了较大的进展。

医学方面，全国有上千家医疗单位，在临床上已建立了百多项同位素治疗方法，包括体外照射治疗和体内药物照射治疗。同位素在免疫学、分子生物学、遗传工程研究和发展基础核医学中，也发挥了重要作用。

世界核能和平利用种类

在进入新世纪初，国际原子能机构曾公布一份报告，报告显示：2002年立陶宛核能发电在全国发电总量中所占的比重为80.1%，这一比重在世界上是最高的。在世界主要工业大国中，法国核电的比例最高，核电占国家总发电量的78%，位居世界第二，日本的核电比例为40%，德国为33%，韩国为30%，美国为22%。2003年全球核能发电量达2524.03 TW·h（太瓦时，$1TW=10^{12}W$）。

核电发展

1951年美国首次在爱达荷国家反应堆试验中心进行了核反应堆发电的尝试，发出了100千瓦的核能电力，为人类和平利用核能迈出了第一步。此后不久，1954年6月，苏联在莫斯科近郊粤布宁斯克建成了世界上第一座向工业电网送电的核电站，但功率只有5000kw（千瓦）。1961年7月，美国建成了第一座商用核电站——杨基核电站，该核电站功率近300MW（兆瓦，1MW=1000kw），发电成本降至0.92美分/度，显示出核电站强大的生命力。

今天，一些经济发达的国家，由于经济的高速发展与能源供应的矛盾日趋突出，同时，传统的能源工业造成的环境污染及温室效应严重威胁人类生存环境，因此，不仅缺乏常规能源的国家，如法国、日本、意大利等发展核电站，而且常规能源煤、石油、水电等非常丰富的国家，如美国、加拿大等也在大力发展核电站。

核反应堆与核电站

核反应堆是指能维持可控自持核裂变链式反应的装置。

原子能工业是在第二次世界大战期间发展起来的，当时全力制造核武器以满足军事需要。50年代以来，原子能用于和平事业有了飞速发展，所以核反应堆类型和数量增多。按照核反应堆的用途分类，大体可分为以下几类：

1. 生产堆。主要用于生产易裂变材料和其他材料，或用于工业规模的辐照。50年代建成的第一批石墨水冷堆和天然重水堆，都是生产军用钚–239，也就是使天然铀中大量的铀–238在堆内吸收中子转化成钚–239。钚–239是一种易裂变物质，可用作核武器原料。此外，还可把锂（Li，一种金属）放在堆内受中子辐照而产生氚，氚是氢弹的重要原料。

2. 试验堆。主要是为取得设计或研制一座反应堆或一种堆型所需的堆物理或堆工程数据而运行的反应堆。例如用于核物理、放射化学、生物、医学研究和放射性同位素生产等，也可以用于反应堆元件、结构材料试验以及各种新型反应堆自身的静、动态特性研究等。

3. 用于生产动力（发电、推进、供热）的反应堆称为动力堆。如核电站、核供热、核潜艇等所用的反应堆就是这种类型，目前常用的动力堆型分为四大类：

石墨气冷堆。包括最早的镁诺克斯堆、改进型气冷堆及高温气冷堆。该反应堆是以石墨为慢化剂，气体作冷却剂的堆型。镁诺克斯堆以天然铀为燃料，燃料包壳是镁诺克斯镁合金，用二氧化碳冷却。镁诺克斯进一步发展为高温气冷堆。它以氦为冷却剂避免了二氧化碳对石墨的腐蚀作用，取消了用金属材料制成的燃料包壳，其燃料是碳化钠及碳化钍混合物的颗粒（100~400微米），燃料颗粒弥散在石墨中，制成燃料元件，装入石墨砌块的燃料孔道中。以上措施大大提高了中子的经济利用及运行温度，致使高温气冷堆热效率提高40%以上。此外，高温气冷堆燃料中的钍是增殖原料，它可使反应堆获得较高的转换比。目前，我国清华大学核研院对高温气冷堆的研究取得了一系列重大成果。

轻水堆。轻水堆有两种类型：一是沸水堆，一是压水堆。两者均用轻水作慢化剂兼冷却剂；用低富集度二氧化铀制成芯块，装入锆合金包壳中作燃料，沸水堆不需另设蒸汽发生器，但由于蒸汽带有一定的放射性，对汽轮机的厂房要屏蔽，这为检修增加了困难。据统计，当今核电站的80%为压水堆。我国秦山一期和大亚湾核电站均属此类。“九五”期间秦山二期工程、广东核电站以及辽宁核电站也采用压水堆。

重水堆。重水堆是以天然铀作燃料，以重水堆作慢化剂的堆型。它是加拿大重点发展的堆型，以坎都型为代表。由于它用数百根压力管代替整体的压力容器，压力管可以成批生产，易于保证质量，在扩大堆容量时只需多加压力管数，有利于标准化。压力管内，可以实现不停堆装卸料，这样可控制各燃料棒束达到均匀的燃耗深度，有利于充分利用燃料，减少停堆时间，提高反应堆的有效利用率。而且重水堆采用天然铀为燃料，无需设立浓缩铀工厂，对分离能力不足的国家，发展此种堆型特别有利。我国“九五”期间，秦山核电三期工程引进加拿大的重水堆。不过，重水堆所用重水价格昂贵，防止泄漏及回收泄漏出的重水是一个特别棘手的问题。

钠冷快堆。钠冷快堆是钠冷却快中子堆。在核能发电问题上，必须考虑增殖问题，否则对核燃料资源的利用是极为不利的。增殖堆的采用，可以将核燃料资源扩大数百倍。快堆是利用中子实现核裂变及增殖的有效设备。而前述石墨气冷堆，轻水堆和重水堆，都是热中子堆。对每次裂变而言，快堆的中子产额高于热中子堆，而且所有结构材料对快中子的吸收截面小于热中子的吸收截面，这就使实现增殖成为可能。钠冷快堆用金属钠作冷却剂，钠在98℃时熔化，881℃时沸腾，具有高于大多数金属的比热和良好的导热性能，而且价格较低，适合用作反应堆的冷却剂。

新科技及前景展望

人们对核电站使用的担心集中在核安全问题上，如核燃料的放射性，运行中的核事故，以及核废料处理等。1979年美国的三里岛核事故与1986年苏联切尔诺贝利事故导致一些人对核电恐惧不已，给和平利用核能蒙上阴影。经专家事后分析，三里岛事故和切尔诺贝利事故在很大程度上都是人为因素造成的。核能技术发展至今，已进入成熟阶段，尤其采用快中子增殖反应堆，既可提高核电站的安全系数，又较少产生核废料，而且所产生核废料较容易处理。此外，这种反应堆还可少量处置老式反应堆产生的核废料，在燃烧过程中销毁老式反应堆产生核废料中放射性的钚、锕系元素。

有关专家认为，这种反应堆具有很高的运行可靠性和安全性，并是目前销毁部分核废料的最佳方法。目前，国际核能界正致力发展快中子增殖堆（简称快堆）。这种反应堆运行时，一方面消耗核燃料，产生热能而发电，另一方面产生新的核燃料钚，并且产出大于消耗，这样，天然铀的单位消耗降低到原来的1/5~1/10，保持核能的经济性；同时最主要是依靠核燃料、冷却剂、放射性废物及核工艺的其他组分所固有的基本物理化学性能和规律来消除事故，这将是人类“第二个核时代”的主要内涵。目前世界上尚有十多个国家在修建核电站。这一事实表明，随着世界“能源危机”的加剧，生态环境的进一步恶化，利用清洁、安全的核能将是人类不可回避的课题。

正、负电子对撞机

北京正负电子对撞机发展历程

1988年是我国高新技术发展史上具有非同寻常意义的一年。10月16日凌晨5点56分，BEPC（北京正负电子对撞机）首次实现正负电子对撞，这被誉为中国继原子弹、氢弹爆炸成功，人造卫星上天之后，在高科技领域又一重大突破性成就。

伟大的成就

1989年12月8日，北京正负电子对撞机同步辐射装置通过国家鉴定。

由29位专家组成的鉴定委员会认为，北京正负电子对撞机同步辐射装置投入运行，必将为自然科学研究、技术科学发展和工业应用提供了良好的条件，促进各学科的相互渗透和诸多领域学科的发展。

北京正负电子对撞机的储存环有高能物理实验与同步辐射兼用模式和同步辐射专用模式。在储存环外围有两个同步辐射实验室。第一期建成了三个前端区和三条光束线。在光束线上，专家们利用聚焦X光和真空紫外光做了激光晶体材料的X光激发发光实验，观测到一些国内外尚未得到过的、有价值的新现象。还利用同步辐射光源提供的高亮度X光，几十秒钟即完成对单根头发丝进行的X光激发荧光谱分析，达到了国外实验室所能达到的最高水平。

这项装置的运行使用，将提供从真空紫外光到硬X光的很大光谱范围的同步辐射光，供生物物理、生物化学、光化学、固体物理、原子和分子物理、表面物理、材料科学、计量标准及医学研究等方面的应用。

1989年对撞机投入高能物理实验，建立了以中国科学家为主导的北京谱仪合作组，美国十多所大学和研究所的科学家参加合作研究，在τ-粲物理领域取得了国际一流的成果。例如中美科学家1991年在北京谱仪上合作完成的τ轻子质量的精确测定，被李政道教授誉为当年“高能物理界最重要的发现”。

对撞机又作为同步辐射装置，在凝聚态物理、材料科学、地球科学、化学化工、环境科学、生物医学、微电子技术、微机械技术和考古等应用研究领域取得了一大批骄人的成果。如利用同步辐射光对高温超导材料进行的深入研究，对世界上最大尺寸的碳60（C60）晶体以及在0.1~0.3微米X射线光刻技术的研究均取得重要突破；在微机械技术方面，制成了直径仅4毫米超微电机，这种电机将能在医疗、生物和科研等方面有独特的用途。对撞机的建设，奠定了我国在粒子物理领域的国际地位。

研究未有穷期。为探索物质奥秘并造福人类，我国科学家将在不断认识微观世界的跋涉中继续奋进。

改造后处于国际领先地位

2004年1月，北京正负电子对撞机重大改造开始建设。2006年8月17日，直线加速器完成改造任务，通过测试；2006年10月29日，储存环主体设备完成安装；2008年5月6日，北京谱仪整体在对撞区安装就位。

2006年9月19日，北京正负电子对撞机重大改造工程（BEPCⅡ）中的大型粒子探测器北京谱仪Ⅲ（BESⅢ）超导磁铁成功励磁到1万高斯，是地球磁场的2万倍，电流强度达到3368安培，最大储能达到1000万焦耳。测试结果显示，其主要性能达到设计指标。它的研制成功标志着我国超导技术的巨大进步，是BEPCⅡ建设的重要里程碑。

2008年7月19日，北京正负电子对撞机重大改造工程完成建设任务，加速器与谱仪联合调试对撞成功。

2009年5月的测试结果表明BEPCⅡ主要性能“亮度”超过了验收指标。BEPCⅡ的性能已比改造前提高30多倍，是美国康奈尔大学的加速器CESR在这个能量区域里曾创下的世界纪录的5倍。

2009年6月，中国科学院高能物理研究所对外宣布，北京正负电子对撞机重大改造工程（BEPCⅡ）的对撞亮度达到验收指标。至此，历时5年、耗资6.4亿元的BEPCⅡ圆满完成。专家表示，改造后的北京正负电子对撞机将在世界同类型装置中继续保持领先地位，成为国际上最先进的双环对撞机之一，预期在高能物理前沿课题能够取得多项具有世界领先水平的重大物理成果，使中国在今后相当时期内继续保持这一领域的国际领先地位。

中国散裂中子源——超级显微镜

在北京正、负电子对撞机和我国第一台35MeV质子加速器的基础上，中国科学院高能物理研究所积累了建设大科学装置的丰富经验，并且拥有了一支可承担加速器理论设计、机械设计、设备安装、调试和运行的高素质的科研技术队伍，和在探测器等领域一流的技术储备，从而成为国内中子散射重要的研究基地。这些都为建造中国散裂中子源大科学装置打下了非常坚实的基础。

中国散裂中子源（CSNS）是国家“十一五”期间重点建设的大科学装置，是位于国际前沿的高科技、多学科应用的大型研究平台。CSNS由中科院和广东省共同建设，选址于广东省东莞市，项目预计总投资为22亿元人民币。

散裂中子源，其作用和显微镜、X射线有着异曲同工之妙，它们就像眼睛的延伸，去探索人类用肉眼所难见的奇妙复杂的物质微观世界。X射线能“拍摄”人体的医学影像，而在材料学、化学、生命科学、医药等领域，科学家们更希望有一种高亮度的“中子源”，能像X射线一样拍摄到材料的微观结构。散裂中子源应运而生，它就像一台超级显微镜，研究诸如DNA、结晶材料、聚合物等等的结构，揭开这大千世界的神秘面纱。

在此之前世界上只有英国、美国和日本三个国家拥有脉冲散裂中子源，中国散裂中子源建成后，将成为发展中国家拥有的第一台散裂中子源，成为我国最大的科学装置。中国散裂中子源的建设，促使了我国在重要前沿研究领域实现新突破，而建成后的CSNS也和正在运行的美国、日本与英国散裂中子源一起，构成世界四大脉冲散裂中子源。

东方赤子张文裕

张文裕，我国宇宙线研究和高能实验物理的开创人之一。毕生致力于核科学研究和教学，有多项重要发明和发现，学术上最突出的成就是发现μ介原子，开创了奇特原子物理的深入研究。张文裕重视实验科学、实验基地建设，为我国高能物理的发展、北京正负电子对撞机的建成奠定了坚实基础，并培养了大批人才。

乡村中走出来的剑桥博士

张文裕，1910年1月9日出生在福建省惠安县涂寨镇宫后村，父亲在涂寨镇上经营一间小药店，母亲在家操持家务。父母共养育了8个子女，但只有老四张文裕及一个弟弟、一个妹妹长大成人。

张文裕自幼聪明好学，在村中读了两年私塾之后，于1921年到惠安县城的"时化小学"插班读四年级，1923年小学毕业，以优异成绩考进泉州著名的教会学校——培元中学。此时，"五四"新文化运动蓬勃发展，"科学救国""教育救国"的思想深深打动了他，使他能够在家境拮据的情况下，坚持半工半读。

1928年，刻苦读书、成绩优秀的张文裕被燕京大学录取。

燕京大学是美国教会办的一所大学。这所学校，在物理学的教学中十分强调实验，在燕京大学学习期间，张文裕得到物理系谢玉铭等教师的悉心指导，理论知识和实际动手能力都有长足长进。

1931年，张文裕毕业后留校当了助教，同时在燕京大学研究生院继续学习，第二年他被提升为正式教员。研究生院毕业后，他获得硕士学位。1934年，张文裕考取了第三届英国庚款出国留学资格，获得赴英国剑桥大学深造的机会。

进入剑桥大学后，1935年张文裕在卡文迪什实验室攻读博士学位，导师是诺贝尔奖获得者、当时任该实验室主任的物理学家卢瑟福。

卡文迪什实验室是世界上第一个既教学又做科学研究的单位，是当时很有影响的近代物理研究基地，也是世界上培养人才最有成就的实验室之一。在这里，张文裕刻苦学习，短短几年时间，便在核反应共振现象的研究、锂8的产生和衰变的机制与铍8的核结构、高能光子与中子作用下新放射同位素的产生过程的发现和研究等方面取得重要成果。他与合作者写的5篇论文均发表在英国皇家学会会议录等刊物上，深得导师卢瑟福赞许，并引起国际核物理学界重视。

发现“μ介原子”的存在

张文裕以严谨、踏实的科学态度，孜孜不倦的探索精神，毕生奋斗在物理学研究的前沿，取得了多项开创性成果。

μ子是1936年被发现的，当时人们对它的性质还很不清楚，一直以为它是强作用粒子，被核吸收以后会产生核反应，放出能量。因此，研究μ子被核吸收之后所出现的现象是当时粒子物理学家所关注的问题。

张文裕利用多层薄板云雾室系统研究宇宙线中μ子与物质的相互作用。他观察到，与人们的预料相反，μ子被核吸收之后，没有观察到放出α粒子或质子，也就是说没有引起核反应。由此判断：μ子和原子核没有强作用。但这究竟是一种什么现象？带负电荷的μ子会不会形成围绕原子核运动的玻尔轨道？

他带着这些问题仔细察看从云雾室中拍下的照片。分析了1948—1949年经2610小时拍摄的云室照片后，得到7张预示有新现象的照片。这些照片显示：μ子停止在薄板上，当它停止时，发射出一个低能电子，或者一个低能电子对，它们的方向指向μ子停止的地方，能量只有5MeV（兆电子伏特，从能量的角度来看，是电场中使电子的电势升高1伏特的外力所做的功的一百万倍）左右。经过仔细研究，张文裕发现，当带负电荷的μ子通过云室的金属片逐渐慢化后，其运动速度接近热运动的速度，在强大的核的正电荷的吸引下，μ子会被核抓住，代替原来围绕核运动的一个电子，形成μ子原子，或称μ介原子。

为了确认这种新现象，张文裕继续从事μ子停止于金属片中的实验研究。到1954年他已找到21张指向μ子的电子和电子对的照片。当时的理论物理学家J. A. 惠勒用量子力学对μ子进行了计算，计算结果与张文裕的实验结果相符。同时，L. J. 雷瓦特利用加速器也观察到同样的结果。于是，μ介原子这一新物质形态终于为物理界所普遍接受。

μ介原子的发现开创了研究物质结构的一个新领域，即奇特原子物理学，可以用μ介原子产生的辐射来研究核的结构。由于μ子的质量比电子大200倍，μ子的某一轨道半径只应为电子相应轨道的1/200，即μ子比电子离核更近，因而用μ子作探针来观察核结构要准确得多。

中国高能物理实验基地倡导者

张文裕从长期研究工作实践中深切体会到："定量研究是物理学发展的关键；新现象的发现只不过是问题的开始，规律性的关系是从定量研究中产生的。"

宇宙线研究由于它的粒子流太弱，不易测量，故大都是定性、探索性的工作，定量工作用加速器来做更为有利。要发展我国的高能物理事业必须建设我国自己的实验基地，建造高能加速器。

1972年，以张文裕为首的18位科学家联名给周恩来总理写了一封信，要求建造一台高能加速器，以开展高能物理实验研究。周恩来总理一直很重视高能物理研究工作的发展，多次关心询问这方面的情况，还曾到苏联杜布纳联合核子研究所，探望在那里工作的我国科学工作者，并和大家商讨如何发展我国的高能物理研究。这封信送上去不到两个星期，就得到了周恩来总理的批示。批示指出："这件事不能再延迟了。科学院必须把基础科学和理论研究抓起来，同时又要把理论研究和科学实验结合起来。高能物理研究和高能加速器的预制研究，应该成为科学院要抓的主要项目之一。"周恩来总理为此批准成立中国科学院高能物理研究所，任命张文裕为第一任所长。

1973年以后，张文裕不遗余力，为发展我国高能物理事业付出了巨大精力。他多次带领代表团出国考察，调查、了解国际高能物理发展情况，打通国际合作渠道，派遣大批研究人员出国学习，掌握先进技术。

1977年，国家批准建造一台500亿电子伏的质子环形加速器，原定10年建成，定名为“八七工程”。为此，选定在北京市昌平县（今昌平区）十三陵附近建设高能物理实验中心，并以玉泉路为预制研究基地。1982年国民经济调整，“八七工程”下马。为了保证高能物理研究不断线，中央又批准建造一台2×22亿电子伏的正负电子对撞机，定名为“北京正负电子对撞机工程”。

北京正负电子对撞机已于1988年实现对撞，1989年建成。它的建成标志着建设我国自己的高能物理实验基地的梦想终于成为现实。这里凝结着张文裕和许多为之奋斗的科学家们的努力，灌注了老一辈科学家的心血。

微观世界“显微镜”

自古以来，人们始终在不懈探索：世界万物究竟是由什么构成的？它有最小的基本结构吗？面对微观世界的“基本”粒子，人类不断寻找揭示其真实面目的手段。对撞机就是观察微观世界的“显微镜”。它能帮助我们了解物质微观结构的许多奥秘。虽然我们还不能预言这些研究结果将会有什么样的实际应用，但可以相信，微观奥秘的揭示一定会对人类的生活产生深远的影响。

改造后实现对撞一亿多次

改造前北京正负电子对撞机每秒可对撞120万次，改造后每秒可实现对撞一亿多次，几乎是改造前的100倍！为什么对撞次数越多越好呢？

要想研究物质的微观结构，首先要把它打碎。粒子加速器就是用高速粒子去“打碎”被测物体的科学设施，而正负电子对撞机是一种先进的粒子加速器。

中国科学院院士、北京高能物理研究所所长陈和生说：并不是每一次每一个正负电子对撞都能产生研究事例，每秒对撞一亿多次也就意味着每秒获取的研究事例是以前的将近100倍，就表示现在能得到比过去多近100倍的事例，这可以大大提高效率，降低研究的误差，因为有些出现几率很小的罕见研究事例也会因为对撞次数的增加而出现，从而使研究更为精确。

目前，科学家们认为，构成物质世界的最基本单元是比质子还小的夸克和轻子。北京正负电子对撞机的主要研究对象就是夸克、轻子家族中的两个成员——c夸克和τ轻子。τ-粲研究就是记录他们对撞时产生的物理量，搜索碰撞产生的新粒子。正负电子对撞机的任务是给这些粒子加速，为他们提供碰撞场所，记录碰撞数据。具体地说，对撞机是一种先进的加速器，是当前研究物质微观世界最小构成单元及其相互作用规律的主要科学实验、测量设备。

正负电子对撞机是一个使正负电子产生对撞的设备，它将各种粒子（如质子、电子等）加速到极高的能量，然后使粒子轰击一固定靶。通过研究高能粒子与靶中粒子碰撞时产生的各种反应研究其反应的性质，发现新粒子、新现象。

当经加速器加速的高能粒子轰击静止的靶时，就像在一起交通事故中的一辆汽车撞到一辆停在路边的汽车上，撞车的能量很大一部分消耗在使停在路边的汽车向前冲上，碰撞的威力就大大减弱了。而如果使两辆相向开行的高速汽车对头相撞，碰撞的威力就大许多倍。基于这种想法，科学家们在20世纪70年代初成功研制了对撞机。目前世界上已建成或正在兴建的对撞机有10多台。

采用最先进的双环交叉对撞

面对严峻的竞争，中国的科学家们决定对最初的方案进行调整，采用当今世界上最先进的双环交叉对撞技术对对撞机进行改造。原先电子只有一条“光速跑道”，改造后正负电子各占一条“跑道”，进行大角度水平对撞。改造后的北京正负电子对撞机将在世界同类型装置中继续保持领先地位，成为届时国际上最先进的双环对撞机之一。

改造工程最初计划采用的是单环方案，使用麻花轨道实现多束团对撞，亮度提高一个数量级左右。但是2001年初，美国康奈尔大学计划对他们的对撞机CESR进行改造与BEPC竞争，如果不改变方案，届时将难以做出领先的创新工作。

于是，科学家们想到了采用世界先进的双环交叉对撞方案，也就是一改电子只有一条“光速跑道”的做法，使正负电子各占一条“跑道”进行大角度水平对撞，这样，对撞机性能将提高100倍。不过，改造难度也是超乎想象，十几吨的设备不能使用大吊车安放，数万根电缆一根都不能接错，这些仅仅是改造工程千头万绪的几缕。

相关研究人员表示，隧道原来是给单环设计，空间狭小，现在安装双环就拥挤到了极点。国外成功的双环对撞机是在80米距离内实现电子对撞再分开，我们必须在28米内实现。改造中许多技术和设备国内从未有过，而高能物理对撞机的加工精度比航天、航空领域还要高。

储存环设备的“拆旧安新”工作，是工程最关键和最困难的一步。国际上成功的双环电子对撞机的周长一般在2千米以上，而北京正负电子对撞机储存环的周长只有240米，且隧道截面小、对撞区短。改造后的对撞机，要在240米周长的隧道内给正负电子束流各做一个储存环，还要保持增加同步辐射插入件和引出口，因此难度和压力非常大。令人振奋的是，我国科学家克服种种困难，最后终于成功完成了这一重大技术改造。

散裂中子源如何得到和控制中子

X射线和中子都是探索物质微观结构的探针，那它们的不同之处在哪里？我们都知道，原子是由原子核和带负电的电子构成，而原子核是由带正电的质子和不带电的中子构成。

中子不带电，具有磁矩，穿透性强，且对样品具有非破坏性，这些性质使得中子成为研究物质结构的理想探针。

既然中子有这么好的特性，适合当人类观察微观世界的“眼睛”，那我们如何去得到和控制中子？也就是说，要用中子做探针，必须有一个适当的中子源。

最早期使用的中子源是放射性同位素中子源，将可以自发发射α射线的元素与靶物质混合在一块，靶物质吸收一个α射线粒子即可放射出一个中子，通过这种反应产生中子，其优点是中子源非常微小，用起来比较方便，但缺点也很明显，因为这种中子源的强度达不到太高，即中子注量率非常低，同时，这种中子源通常受到寿命的限制，随着时间的推移其源强逐渐衰减，这些缺陷影响和限制了它的使用。

20世纪用于中子核物理研究的主要工具是用低能粒子加速器产生的带电粒子束轰击靶，通过核反应来产生中子，它的特点是，能量单一、脉冲性能比较好，这对于精密的核物理实验非常重要。缺点是中子的注量相对较低，中子产生效率较低，不太经济。例如用400千电子伏特的氚反应来产生中子，每产生一个中子，要消耗一万兆电子伏特的能量。因此，低能加速器中子源不适合于生产同位素、生产核材料。

反应堆中子源应用最为广泛。一般情况下反应堆中子源所能提供的中子注量率为10^{13}~10^{14}n/（cm^2·s）（n，中子数量；cm^2，平方厘米；s，时间秒），20世纪90年代之后，国际上已经有了高通量研究性反应堆，中子注量率可以达到10^{15} n/（cm^2·s），一些大型的快堆可达5×10^{15}（n/cm^2·s），接近反应堆中子源受材料与热工限制的极限，已是相当强的中子源。但由于反应堆散热技术的限制，反应堆提供的中子通量很难超过当前美国的HF高通量堆达到的最高指标 3×10^{15}（n/cm^2·s）。

散裂中子源的出现突破了反应堆中子源中子通量的极限。20世纪80年代起，质子加速器驱动的散裂中子源，逐渐地进入实际应用阶段。

散裂中子源的基本原理，是用高能强流质子加速器产生能量1GeV（千兆电子伏）以上的质子束，轰击重元素靶（如钨或铀），在靶中发生散裂反应，产生大量的中子。当一个高能质子，打到重原子核上时，一些中子被轰击出来，这个过程被称为散裂反应。散裂反应和裂变反应的不同点是：它不释放那么高的能量，但它可以将一个原子核打成几块，可能是三块，也可能是四块，这个过程中会产生中子、质子、介子、中微子等产物，对开展核物理前沿课题和应用研究非常有用，且所产生的中子还会在相邻的靶核上继续通过核反应产生中子——核外级联。即被轰击的原子核温度升高，更多的中子就会“沸腾”起来并脱离原子核的束缚。好比将一个垒球用力投到装满球的筐中，有一些球会立刻蹦出来，而更多的球则会弹跳并翻出筐外，散裂反应与这个过程很相似。每个与原子核相作用的质子能够轰击出20~30个中子。这是散裂中子源的基本条件。

散裂中子源的特点是在比较小的体积内可产生比较高的中子通量，每个中子能量沉积比反应堆低4~8倍，单位体积的中子强度比裂变堆高4~8倍。可用较低功率产生与高通量堆相当或更高的平均中子通量。要达到1×10^{15}（$n/cm^2\cdot s$）的平均中子通量，散裂源需5兆瓦束功率，而高通量堆则需60兆瓦热功率。散裂中子源的脉冲特性是由加速器所决定的，因此它的脉冲化对于中子通量并不造成损失。

散裂中子源与反应堆中子源各具特色，是相互补充的研究手段。我国在反应堆中子散射研究中已有较深厚的基础，可为进一步发展散裂中子源先进技术提供有力支持。散裂中子源能提供的中子能谱更加宽广，它可以提供从几兆电子伏特到几百兆电子伏特宽广能区的中子，大大地扩展了中子科学研究的范围，拓深了中子科学研究的领域。发达国家正把建设高性能散裂中子源作为提高科技创新能力的重要措施。

方兴未艾的工业机器人

世界工业机器人概况

工业机器人（通用及专用）一般指用于机械制造业中代替人完成具有大批量、高质量要求的工作，如汽车制造、摩托车制造、舰船制造、某些家电产品（电视机、电冰箱、洗衣机）、化工等行业自动化生产线中的点焊、弧焊、喷漆、切割、电子装配及物流系统的搬运、包装、码垛等作业的机器人。

前景一片光明

有人曾对20世纪最后10年的世界工业机器人的销售情况进行统计，得出结论：世界工业机器人的前景一片光明。

具体的统计情况是这样的：

1990年，世界通用工业机器人年销售量为81000台，1991~1993年开始下降，1993年销售量骤降至54000台。之后，机器人市场开始快速复苏，1997年达到84000台。然而，1998年机器人销售量比上年下降了16%，降至71000台。1999年市场迅速回升，年销售量达到81500台，比上年增长15%。

1999年世界工业机器人销售量增加的主要原因是美国及欧盟销售量的高速增长。从1994—1999年，美国通用工业机器人的年销售量几乎翻了一番，达到15000台，仅1999年一年就增长了38%。欧盟1999年通用工业机器人的销售量增长16%，达到25000台，其中法国的增长率最高，比1998年增长近90%。

在日本，1999年各类机器人（通用及专用工业机器人）的销售量比上年增加5%，约35600台。

在韩国，1998年机器人的销售量骤降75%，之后市场迅速复苏，1999年的销售量增加近70%，达到2400台，但这仍然不到亚洲金融危机之前1995—1997年记录的一半。

从年销售额来说，1999年世界工业机器人的年销售额比上年增长7%，达到51亿美元。与创纪录的1999年同期相比，2000年上半年世界机器人增长了12%。欧洲的销售合同增长14%，亚洲销售合同增长38%。

价格逐渐下降，性能不断完善

日本、美国、欧洲是工业机器人的主要消费市场，其中日本又占了更大的份额。

90年代初，欧洲及美国安装的通用工业机器人分别占日本各类工业机器人总数的20%及7%；到1999年底，相应的比例分别为71%及42%。事实上，1999年欧盟新安装的通用工业机器人要比日本同期安装的同类机器人的数量要多。

然而，工业机器人的价格不断下降，而性能则不断完善，主要表现在机械及电子性能方面，如搬运能力、速度、工作范围、部件数量、平均故障间隔时间都有较大改进，而价格下降了50%。

1990—2000年情况的调查表明，机器人的性能与价格改进情况更好。一台1999年出售的中等机器人的价格，只相当于1990年同样性能机器人价格的五分之一。

中国工业机器人进展

在过去的十多年，日本占世界实际装备机器人总数的一半以上，主要是因为日本的数字中包括了各种工业机器人，但是它所占的比例不断下降，而欧盟及美国工业机器人的数量分别增加了11%及14%，各为17.6万台和9.3万台，而我国仅为3000台。

机器人产业腾飞的奠基期

我国工业机器人起步于20世纪70年代初期，经过20多年的发展，大致经历了3个阶段：70年代的萌芽期，80年代的开发期和90年代的适用化期。

70年代是世界科技发展的一个重要时期：人类登上了月球，实现了金星、火星的软着陆。我国也发射了人造卫星。世界上工业机器人应用掀起一个高潮，尤其在日本发展更为迅猛，它补充了日益短缺的劳动力。在这种背景下，我国于1972年开始研制自己的工业机器人。

进入80年代后，在高技术浪潮的冲击下，随着改革开放的不断深入，我国机器人技术的开发与研究得到了政府的重视与支持。“七五”规划期间，国家投入资金，对工业机器人及其零部件进行攻关，完成了示教再现式工业机器人成套技术的开发，研制出了喷涂、点焊、弧焊和搬运机器人。1986年国家高技术研究发展计划（863计划）开始实施，智能机器人主题跟随世界机器人技术的潮流，经过几年的研究，取得了一大批科研成果，成功地研制出了一批特种机器人。

从90年代初期起，我国的国民经济进入实现两个根本转变时期，掀起了新一轮的经济体制改革和技术革新热潮，我国的工业机器人又在实践中迈进一大步，先后研制出了点焊、弧焊、装配、喷漆、切割、搬运、包装、码垛等各种用途的工业机器人，并实施了一批机器人应用工程，形成了一批机器人产业化基地，为我国机器人产业的腾飞奠定了基础。

国产机器人走向实用化

100千克点焊机器人

在蔡鹤皋院士主持下，哈尔滨工业大学和沈阳自动化所自1995年4月开始设计、制造HT-100A点焊机器人，1996年7月15日完成；1998年2月第一台上线应用于解放牌卡车的后风窗点焊，1998年5月第二台上线应用于红旗轿车焊接线上。

120千克点焊机器人

根据HT-100的设计经验，我们又研制了6台120千克点焊机器人。

120千克点焊机器人是以一汽红旗车身焊装生产线为应用背景，瞄准国际上典型机器人产品技术性能开发的一种具有先进性、可靠性的实用机器人产品。该机器人具有工作空间大、运动速度快和负荷能力强等特点。机器人设计结构紧凑，外观宜人，运动平稳快捷，大大地提高了点焊作业的生产率。

用户对国产机器人给予了这样的评价：机器人运行良好，操作、维修方便，“皮实、好用、能摆弄”，整体性能不错。

6千克弧焊机器人

6千克弧焊机器人是沈阳新松公司为嘉陵集团摩托车车身生产线设计制造的轻型弧焊机器人。设计者在参考国外同类产品优点的基础上，结合我国情况，本着“突出自己的特色、塑造自身的品牌”的原则，完成了产品的形象设计。在产品设计开发过程中，在重视产品实用性和可靠性的同时，兼顾了产品的先进性。设计者根据多年的开发经验，从本体到控制器全部进行了重新设计。嘉陵摩托车生产线装备多台这种6千克弧焊机器人。

装配机器人

由大连贤科机器人公司研制的装配机器人分为平面关节型机器人和直角坐标型机器人。平面关节型机器人是一种精密型装配机器人，具有速度快、精度高、柔性好等特点，采用交流伺服电机驱动，可应用于电子、机械和轻工业等有关产品的自动装配、搬运、调试等工作。

直角坐标型机器人具有可自动编程，速度快、精度高等特点，采用交流伺服电机驱动，可应用于电子、机械和轻工业等有关产品的自动装配、搬运、调试等工作，适合工厂柔性自动化生产的需求。

桥型移动龙门式仿形喷涂机器人

桥型移动龙门式仿形喷涂机器人由顶喷、侧喷、龙门行走机构和控制系统组成。具有自动喷涂工况显示，自动生产数据设计，打印报表，车体型号自动识别，工作记忆功能，无需归零重新启动，故障自动声光报警，防爆功能等特点。经过长时间可靠的生产实践，用户反映设备性能良好。该设备由北京机械工业自动化所研制。

自动化高压水切割工作站

KJ-100型自动化高压水切割工作站由北京机械工业自动化所研制。

高压水射流切割是通过超高压水发生器将水增压至385兆帕斯卡，然后通过Φ（直径）0.03毫米的喷嘴，产生约3倍于音速的水箭切割各种非金属材料，如各种汽车内部装饰材料、厚橡胶板、布料、皮革、苯乙烯发泡材料、纤维增强材料等；将细砂加入水箭中可切割金属、陶瓷、石料、玻璃等。高压水射流能切割各种热切割方法难以加工的材料，并且切速快、切口平整光洁、切边品质好、无毛刺、无挂渣、节省材料、无尘、无臭、无环境污染、无热变形，对那些严禁明火作业区，如海上石油钻井、采油平台、炼油厂、大型油气储罐区等均可使用高压水切割作业。

AGV小车

AGV小车也叫自动导引小车，现已具备产品定型和批量生产能力，并已在汽车装配线、家电企业、烟厂等仓储物流作业得到了广泛应用。AGV包含了移动机器人控制技术、传感器技术、多台机器人协调技术、通信技术等内容。沈阳棋盘山象棋城机器人象棋系统采用32个机器人（AGV）做象棋棋子，一个棋子就是一个移动机器人。棋子直径2.2米，高3米，棋盘长55米，宽53米，堪称世界最大棋子棋盘。2000年9月11台AGV棋子做了残局演示。

便携式机器人

由哈尔滨工业大学机器人研究所研制的便携式机器人，可实现六自由度弧焊机器人的全部功能，同时可作为通用机器人完成其他工作，可任意位置安装。机器人本体自重30千克，便于拆装携带。便携式机器人可以作为一个流动的焊接机器人到不同的场所进行作业，特别是在一些工作空间狭小，周围环境恶劣，工人无法作业的地方。此外，它可以作为机器人销售部门的有力助手到各地去作焊接培训，或者在腕部安装其他工具可以随时随地地进行各种作业。

工业机器人队伍逐步壮大

在国家攻关计划和863计划的支持下，一汽集团、沈阳自动化所、哈尔滨工业大学等单位自1995年起合作开发工业机器人和实施机器人应用工程，在经历了一系列的攻关和拼搏之后，完成了10千克、30千克、100千克、120千克等工业机器人的开发。现今，我国年轻的机器人工程队伍不但出现在汽车、电子、食品和采矿等传统行业，同时在一些相对危险的高科技行业环境中也取得了良好的社会效益和经济效益。

采矿机器人

采矿业是一种劳动条件相当恶劣的生产行业，其主要表现为振动、粉尘、煤尘、瓦斯、冒顶等不安全因素。这些不安全因素极大地威胁井下工人的安全。因此，采矿业迫切要求开发各种不同用途的机器人以取代人类从事的各种有毒、有害及危险环境下的工作。此外，采掘工艺一般比较复杂，这种复杂工作很难用一般的自动化机械完成，采用带有一定智能并且具有相当灵活度的机器人是目前最理想的方法。

根据井下作业的特殊条件和特点，采矿机器人的应用主要有以下几个方面：

1. 特殊煤层采掘机器人。目前，一般都用综合机械化采煤机采煤，但对于薄煤层这样一类的特殊情况，运用综合机械化采煤机采煤就很不方便，有时甚至是不可能的。如果用人去采，作业又十分艰苦和危险，但是如果舍弃不用，又造成资源的极大浪费。因此，采用遥控机器人进行特殊煤层的采掘是最佳的方法。这种采掘机器人应该能拿起各种工具，比如高速转机，电动机和其他采爆器械等，并且能操作这些工具。这种机器人的肩部应装有强光源和视觉传感器，这样能及时将采区前方的情况传送给操作人员。

2. 凿岩机器人。这种机器人可以利用传感器来确定巷道的上缘，这样就可以自动瞄准巷道缝，然后把钻头按规定的间隔布置好，钻孔过程用微机控制，随时根据岩石硬度调整钻头的转速和力的大小以及钻孔的形状，这样可以大大提高生产率，人只要在安全的地方监视整个作业过程就行了。

3. 井下喷浆机器人。井下喷浆作业是一项很繁重并且危害人体健康的作业，目前这种作业主要由人操作机械装置来完成，这种方法的缺陷很多。采用喷浆机器人不仅可以提高喷涂质量，也可以将人从恶劣和繁重的作业环境中解放出来。

4. 瓦斯、地压检测机器人。瓦斯和冲击地压是井下作业中的两个不安全的自然因素，一旦发生突然事故，是相当危险和严重的。但瓦斯和冲击地压在形成突发事故之前，都会表现出种种迹象，如岩石破裂等。采用带有专用新型传感器的移动式机器人，连续监视采矿状态，以便及早发现事故突发的先兆，采取相应的预防措施。

随着机器人研究的不断深入和发展，采矿机器人的应用领域会越来越宽，经济效益和社会效益也会越来越显著。

核工业机器人

核电站是核能利用的一个重要方面，受到了世界各国的重视。现在全世界核能发电量占总发电量的17%。但是这些核电站在建造阶段没有考虑使用机器人遥控作业技术的应用，因此，现有的核电站应用机器人就必须以其定型的格局为前提，选择合适的机器人来完成某些任务。

核工业机器人是应用在辐射环境下的特种机器人。机器人在这里完成的工作不是在生产线的规定位置完成已经安排好的任务，它要完成的是位置不定的多种多样变化的工作。随着核工业和机器人技术的发展，不少国家研制成功了真正的远距离控制的核工业机器人。例如有美国的SAMSIN型，德国的EMSM系列，法国的MA23-SD系列等。目前大多数核工业机器人采用的是车轮或履带，或车轮和履带相结合的行走方式，只有少数的机器人采用多足或两足行走方式。为了实现远距离控制，核工业机器人具有各种各样的传感器设备。现在研制成功的核工业机器人一般都携带有照明灯，摄像机和导航设备，并且通过一根很柔软的电线连接到它的机械手上，这样它就可以顺利地在现场行走，达到目的地。

核工业机器人是一种十分灵活，能做各种姿态运动以及可以操作各种工具的设备，对危险环境有着极好的应变能力。一般的核工业机器人需要有这样的几个特点：

1. 适应不同的环境和高可靠性。机器人在核电站内进行工作时，多半是操作高放射性物质，一旦发生故障，不仅本身将受到放射性污染，而且还会造成污染范围扩大。所以要保证核工业机器人有很强的环境适应能力和很高的可靠性，使它在工作时不会发生故障。

2. 适用性强。核电站内的设备很多，各种管道错综复杂，通道狭窄，工作空间小。因此要求核工业机器人能顺利通过各种障碍物和狭窄的通道，并且最好能根据需要操作不同的设备。

现在世界上的核工业机器人已经有几百台了，然而这些机器人大多缺乏感知功能（如视觉、听觉、触觉等），手的灵巧性也不够，对付核工业的恶劣环境影响的能力还有待提高。这些都是发展新型核工业机器人所要克服的困难。

食品工业机器人

在现在的社会里，机器人的使用范围越来越广泛，即使在很多的传统工业领域中人们也在努力使机器人代替人类工作，在食品工业中的情况也是如此。目前人们已经开发出的食品工业机器人有包装罐头机器人，自动午餐机器人和切割牛肉机器人等。在这里我们以用机器人来切割牛的前半身为例来对食品工业机器人做一简要的介绍。

从设计机器人的角度来看，切割牛的前半身这个问题不是一个简单的问题，要考虑的细节十分的复杂，因为从牛的身体结构来看，每头牛的肢体虽然大致一样，但还是有很多不相同的地方。机器人系统必须要选择对每头牛的最佳切割方法，最大限度地减少牛肉的浪费。实际上，要使机器人系统能熟练地模仿一个熟练屠宰工人的动作，最终的解决办法将是把传感器技术、人工智能和机器人制造等多项高技术集成起来，使机器人系统能自动适应产品加工中的各种变化。

切割牛肉的机器人将要加工的牛的肢体与数据库中存储的以前的牛的肢体的切割信息进行比较来加工每一头牛，这样就可以沿着每刀切割所定的初始路线方向来确定刀的起点和终点，然后用机器人驱动刀切入牛的身体里面。传感器系统监视切割是所用力量的大小，来确定刀是否是在切割骨头，同时把信息反馈给机器人控制系统，以控制刀片只沿着骨头的轮廓移动，从而避免损坏刀片。在具体操作时，每一头牛的前半身通过固定装置送给机器人屠宰系统，并且由机器人的视觉装置进行鉴定。视觉装置的图像数据连同存储在数据库里的其他牛的前半身参数：比如重量、牛的身体结构等，一起送入机器人的数据处理系统中进行处理，确定与待切割牛的前半身最为相似的初始鉴定数据。这样就可以提供切割的起刀点，起刀方向和初始路线，并利用初始路线来检验现在被切割牛的前半身的切割进展情况。如果发现在数据库中没有与之相匹配的数据，则机器人系统可以根据预先确定的程序来确定起刀点，并且存储这个数据，留待以后使用。当每一刀切割完成以后，机器人系统就自动地转移到下一个起刀点，开始下一刀的切割过程，也就是重复上面的步骤。当最后一刀切割结束时，牛的骨头就被剔出，整个过程就处理完毕了，于是装送装置接着自动送入下一头牛的前半身，开始新的一轮切割过程。

现在研制成功的切割牛肉的机器人能切下占总重量60%的牛肉，人们还在不断地改进它的性能，使它能切下更多的牛肉。

中国纳米科技研究

我国纳米技术研究进展

从电视广播、书刊报章、互联网络，我们一点点认识了“纳米”，“纳米”也悄悄改变着我们。1959年，理论物理学家理查·费伊曼在加州理工学院发表演讲，提出组装原子或分子是可能的。我国著名科学家钱学森也曾指出，纳米左右和纳米以下的结构是下一阶段科技发展的一个重点，会是一次技术革命，从而将引起21世纪又一次产业革命。虽然距离应用阶段还有较长的距离要走，但是由于纳米科技所孕育的极为广阔的应用前景，美国、日本、英国等发达国家都对纳米科技给予高度重视，纷纷制定研究计划，进行相关研究。

发展概况

纳米科技的发展，不仅可以使科学家在纳米尺度发现新现象、新规律，建立新理论，而且还将带来一场工业革命，成为21世纪经济增长的新动力。

在纳米科技的发展初期，中国的科学家已经开始关注这方面的研究。从1990年开始，中国就“纳米科技的发展与对策”“纳米材料科学”“扫描探针显微学”“微米/纳米技术”等方面，召开了数十个全国性的会议。中国科学院还在北京主持承办了第7届国际扫描隧道显微学会议（STM 93）和第4届国际纳米科技会议（Nano IV）。这些国际和国内会议的举办，为开展国际间和国内高校与科研单位间的学术交流与合作，起到了积极的促进作用。

中国的有关科技管理部门对纳米科技的重要性已有较高的认识，并给予了一定的支持。中国科学院（CAS）和国家自然科学基金委员会（NSFC）从20世纪80年代中期即开始支持扫描探针显微镜（SPM）的研制及其在纳米尺度上科学问题的研究（1987—1995年）。国家科学技术委员会（SSTC，科技部前身）于1990年至1999年通过“攀登计划”项目，连续10年支持纳米材料专项研究。1999年，科技部又启动了国家重点基础研究发展规划项目（即“973”计划），继续支持纳米碳管等纳米材料的基础研究。国家“863”高技术计划，亦设立一些纳米材料的应用研究项目。

据不完全统计，国内有不少于50所高校、20个中科院研究所开展了纳米科技领域的研究工作。现有与纳米科技相关的企业已达300余家。国家科研机构和高等院校从事纳米科技的研究开发人员大约有3000人。整体上国内的纳米科技研究的面比较宽、点多分散，尚未形成集中的优势。国内已有中国科学院、清华大学、北京大学、复旦大学、南京大学、华东理工大学等单位成立了与纳米科技有关的研究开发中心。纳米科技是多学科综合的新兴交叉学科，在多学科的集成方面，中科院、北京大学、清华大学、复旦大学等研究单位占有优势。

中国科学院在国内最先开拓了纳米科技研究领域的研究，具有突出的优势。从80年代后期开始启动了一系列重大科研计划，组织了物理所、化学所、感光所、沈阳金属所、上海硅酸盐所、合肥固体物理所以及中国科技大学等单位，积极投入纳米科学与技术的研究。支持方向有：激光控制下的单原子操纵和选键化学；分子电子学-分子材料和器件基础研究；巨磁电阻材料和物理；纳米半导体光催化和光电化学研究；材料表面、界面和大分子扫描隧道显微学研究；碳纳米管及其他纳米材料研究；人造“超原子”体系结构和物性的研究等等。与此同时，主持或承担了多项国家级重大项目。

作为中科院“知识创新工程”支持的重点项目，去年中国科学院组织了有11个研究所参与的“纳米科学与技术”重大项目，总投资2500万元人民币。项目的主要研究内容是：发展或发明新的合成方法和技术；制备出有重要意义的新纳米材料及器件。希望通过项目的支持，在纳米材料和纳米结构的规模制备，纳米粉体中颗粒的团聚和表面修饰，纳米材料和纳米复合材料的稳定性，纳米尺度内物理、化学和生物学性质的探测及特异性质的来源以及纳米微加工技术等方面取得重要的进展。

中国科学院还成立了由其所属的19个研究所组成的中国科学院纳米科技中心，开通了隶属于中心的纳米科技网站，并在化学所建成纳米科技楼。纳米科技中心围绕纳米科技领域的重点问题和国家、院重大科技计划，组织分布在不同地域，不同单位的科研人员，利用纳米科技网站与纳米科技中心研究实体，实现有关科研信息、技术软件和仪器设备的共享，体现科研纽带、产业纽带、人才纽带、设备纽带的优势，加强不同学科的交叉与融合，促进自主知识产权成果向产业化的转化，加速高级复合型人才的培养，在统一规划协调下，充分发挥仪器设备的效用。

应该说，中国的纳米科技研究与国外几乎同时起步，在某些方面有微弱优势，从近期美国《科学引文索引》核心期刊发表论文数看，中国纳米科技论文总数位居世界前列。例如，有关纳米碳管方面的学术论文排在美、日之后位居世界第三。在过去的10年间，国家通过研究计划对纳米科技领域资助的总经费大约相当于700万美元，社会资金对纳米材料产业化亦有一定投入。但与发达国家相比，投入经费差距很大。由于条件所限，研究工作只能集中在硬件条件要求不太高的领域。纳米科技的其他基础研究相对薄弱、研究总体水平与发达国家相比还有不小差距，特别是在纳米器件及产业化方面。

纳米科技研究优势

一、纳米材料

中国对纳米材料的研究一直给予高度重视，取得了很多成果，尤其是在以碳纳米管为代表的准一维纳米材料及其阵列方面做出了有影响的成果，在非水热合成制备纳米材料方面取得突破，在纳米块体金属合金和纳米陶瓷体材料制备和力学性能的研究、介孔组装体系、纳米复合功能材料、二元协同纳米界面材料的设计与研究等方面都取得了重要进展。

在纳米碳管的制备方面，中科院物理所的科研小组1996年在国际上首次发明了控制多层碳管直径和取向的模板生长方法，制备出离散分布、高密度和高强度的定向碳管，解决了常规方法中碳管混乱取向、互相纠缠或烧结成束的问题。1998年合成了世界上最长的纳米碳管，创造了一项“3毫米的世界之最"这种超长纳米碳管比当时的纳米碳管长度提高1~2个数量级。他们在纳米碳管的力学、热学性质、发光性质和导电性的研究中取得重要进展。世界上最细的纳米碳管也在2000年时被先后制造出来。先是物理所的同一小组合成出直径为0.5纳米的碳管，接着香港科技大学物理系利用沸石作模板制备了最细单壁碳纳米管（0.4纳米）阵列（与日本的一个小组的结果同时发表），接着在中科院物理所和北京大学同时都有职位的一位科学家——彭练矛研究员在单壁碳纳米管的电子显微镜研究中发现在电子束的轰击下，能够生长出直径为0.33纳米的碳纳米管。

清华大学首次利用纳米碳管作模板成功制备出直径为3~40纳米、长度达微米级的发蓝光的氮化镓一维纳米棒，在国际上首次把氮化镓制备成一维纳米晶体，并提出碳纳米管限制反应的概念。中科院固体物理所成功研制出纳米电缆，有可能应用于纳米电子器件的连接。

中科院金属研究所用等离子电弧蒸发技术成功地制备出高质量的单壁碳纳米管材料，研究了储氢性能，质量储氢容量可达4%。

在纳米金属材料方面，中科院金属研究所的研究小组，在世界上首次发现纳米金属的"奇异"性能——超塑延展性，纳米铜在室温下竟可延伸50多倍而"不折不挠"，被誉为"本领域的一次突破，它第一次向人们展示了无空隙纳米材料是如何变形的"。

从纳米材料的研究情况来看，研究领域广泛，投入人员较多，许多科研单位都参与了纳米材料研究，形成一支实力雄厚的研究力量。但应该指出，目前纳米材料研究的基础设施还相对薄弱，纳米材料的设计与创新能力不强，生产规模偏小，自主知识产权不多。为了真正使纳米技术转化为生产力，应加大纳米材料产业化力量的投入，尤其要注重纳米科学的工程化研究和纳米材料的应用研究，鼓励产业化有基础和经验的研究单位与其他研究单位联合或研究单位与企业联合，使实验室技术尽快转化为生产力，为国民经济增长作出贡献。

二、纳米器件

在量子电子器件的研究方面，我国科学家研究了室温单电子隧穿效应，单原子单电子隧道结，超高真空STM室温库仑阻塞效应和高性能光电探测器以及原子夹层型超微量子器件。

清华大学已研制出100纳米（0.1微米）级MOS器件，研制出一系列硅微集成传感器、硅微麦克风、硅微马达、集成微型泵等器件，以及基于微纳米三维加工的新技术与新方法的微系统。

中国科学院半导体所研制了量子阱红外探测器（13~15微米）和半导体量子点激光器（0.7~2.0微米）。中科院物理所已经研制出可在室温下工作的单电子原型器件。西安交通大学制作了碳纳米管场致发射显示器样机，已连续工作了3800小时。

在有机超高密度信息存储器件的基础研究方面，中国科学院北京真空物理实验室、中国科学院化学所和北京大学等单位的研究人员，在有机单体薄膜上作出点阵：1997年，点径为1.3纳米；l998年，点径为0.7纳米；2000年，点径为0.6纳米。信息点直径较国外报道的研究结果小近一个数量级，是已实用化的光盘信息存储密度的近百万倍。北京大学采用双组分复合材料TEA/TCNQ作为超高密度信息存贮器件材料，得到信息点为8纳米的大面积信息点阵3微米×3微米。复旦大学成功制备了高速高密度存贮器用双稳态薄膜，并已经初步选择合成出几种具有自主知识产权的有机单分子材料，以此作为有机纳米集成电路的基础材料。

从纳米器件的研究情况来看，国内研究纳米器件的科研单位相对比较集中，研究单位主要集中在北京大学、清华大学、复旦大学、南京大学和中国科学院等研究基础相对较好，设备设施相对齐全的高校及科研院所，但大部分研究单位还停留在纳米器件用材料的制备和选择，以及新的物理现象的研究上。在纳米器件原理及结构研究等基础研究方面力量相对薄弱，纳米器件的创新能力不强。为了在纳米器件研究方面取得突破性进展，中国拟加大对纳米器件基础研究的投入，改善现有实验设备与研究条件，鼓励各研究单位合作研究，优势互补，多学科联合攻关。

三、纳米结构的检测与表征

中国科学院化学所和中国科学院北京真空物理室在20世纪90年代已开始运用STM进行纳米级乃至原子级的表面加工，在晶体表面先后刻写出“CAS”“中国”等文字和图案。中国科学院化学所先后研制了STM、

AFM、BEEM、LT-STM、UHV-STM、SNOM等纳米区域表征的仪器设备，具有自己的知识产权。开发了表面纳米加工技术，为纳米科技的研究起到了先导和促进作用。最近化学所在单分子科学与技术及有机分子有序组装方面有了很好的进展，并开始对分子器件进行探索性研究。中国科技大学进行了硅表面C60单分子状态检测，为分子器件的研制提供了一些基本数据。

北京大学自行研制了VHU-SEM-STM-EELS联用系统和LT-SNOM系统。建立了完整的近场光学显微系统——近场光谱与常规光学联用系统，并用此系统研究了癌细胞的结构形貌。

综上所述，我国的纳米科技工作取得了一定的成绩，尤其是在以碳纳米管为代表的纳米材料的研究方面，已经步入世界先进行列。而在纳米器件方面的研究工作刚刚起步，研究工作受条件所限，研究力量比较薄弱。应建立国家公用技术平台，提高纳米加工能力，并加强协调，组织力量进行多学科攻关，突破纳米器件关键技术。在纳米材料的研究工作中，应加强原创性工作，应用性研究、工程化研究应加大投入力度，使纳米材料尽快产业化，成为国民经济新的经济增长点。

纳米技术领军人物白春礼

白春礼，满族，1953年9月出生，辽宁人，博士。现任中国科学院院长，党组书记，学部主席团执行主席，1996年任中科院副院长，党组成员。1997年当选为中国科学院院士，第三世界科学院院士。2004年任常务副院长、党组副书记（正部长级）。中共十五届、十六届、十七届中央委员会候补委员，十八届中央委员会委员。

扫描隧道显微学开拓者

白春礼院士作为中国扫描隧道显微学的开拓者之一，也是国际STM方面有一定影响的科学家之一，他领导实验室开展了广泛、深入并且富有成效的研究活动。

他先后从事过高分子催化、白春礼剂的结构与物性、有机化合物的X-射线晶体结构、分子力学和导电高聚物的EXAFS等研究。从20世纪80年代中期开始转入到纳米科技的重要领域——扫描隧道显微学的研究。主要工作集中在扫描探针显微技术，以及分子纳米结构和纳米技术研究。在白春礼院士的主持下，中国科学家成功研制了计算机控制的扫描隧道显微镜（STM），获1989年中国科学院科技进步二等奖。

同时，与中国科学院电子显微镜实验室合作，研制并开发另一台STM，获1989年中国科学院科技进步二等奖；这两项工作的进一步完善，共同获得1990年国家科技进步二等奖，这也是中国第一项关于扫描隧道显微学领域的奖励。

随后，他率领的科研小组研制成功了我国第一台原子力显微镜（AFM）（获得中国科学院科技进步一等奖，国家科技进步三等奖）、第一台激光原子力显微镜、低温扫描隧道显微镜（STM）、弹道电子发射显微镜、超高真空扫描隧道显微镜等多种扫描探针显微仪器。所获得的这些科研成果，由于以不同于国外的创新方式解决了一系列重要技术难题，先后获得6项国家发明专利。这些新型系列显微仪器的研制成功，为扫描隧道显微学的应用研究，奠定了必要的物质基础，为中国在这一领域工作的开展起到了促进作用。

显微级别达到原子水平

白春礼院士利用研制的仪器，在极高分辨率的水平上，对材料表面结构与样品设备、形成条件等方面进行了深入的分析研究，同时在利用扫描隧道显微镜进行纳米级加工方面，对新型高密度信息存储方式和纳米科技的研究进行了重要的探索。

在基础研究方面，白春礼院士在使用这些新技术研究有机固体和大分子的表面结构方面做出了贡献。如用超高真空扫描隧道显微镜（STM）、原子力显微镜（AFM）和磁力显微镜（MFM）研究了有机导体、有机铁磁体、有机自组装膜以及核酸、细胞等生物材料。

这些研究结果，在原子或分子级分辨率的水平上，解释了材料表面结构与样品制备、形成条件的关系。另外，还首次利用AFM和MFM研究了磁性有机薄膜表面的形貌和磁畴，建立了一种研究几个分子层厚的有机LB膜表面微弱磁场分布的新方法，可达到纳米级空间分辨率。在单分子结构，有机分子自组装研究方面取得了一些高水平结果。利用STM首次观察到半导体化合物二硫化钼的表面形貌，在原子级水平上揭示了这类层状化物表面结构的新特点。

接着，他组建了“北京本原显微仪器开发中心”，生产的STM整机很快打入国际市场。先后获国家和院部级二等奖以上科研成果奖7项，国家发明专利5项。在国内外学术杂志上发表论文180篇，出版中英文专著7本。

深入纳米微观世界

“纳米”是一种长度单位，原称为毫微米，就是10亿分之一米，约相当于45个原子串起来那么长。纳米结构通常是指尺寸在100纳米以下的微小结构。从具体的物质来说，人们往往用细如发丝来形容纤细的东西，其实人的头发一般直径为20—50微米，并不细。单个细菌用肉眼看不出来，用显微镜测出直径为5微米，也不算细。简而言之，假如一根头发的直径为0.05毫米，把它径向平均剖成5万根，每根的厚度即约为1纳米。

纳米技术的三种概念

从迄今为止的研究状况看，关于纳米技术分为三种概念。

第一种概念，1986年美国科学家德雷克斯勒博士在《创造的机器》一书中提出的分子纳米技术。根据这一概念，可以使组合分子的机器实用化，从而可以任意组合所有种类的分子，可以制造出任何种类的分子结构。这种概念的纳米技术未取得重大进展。

第二种概念，把纳米技术定位为微加工技术的极限。也就是通过纳米精度的“加工”来人工形成纳米大小的结构的技术。这种纳米级的加工技术，也使半导体微型化即将达到极限。现有技术即便发展下去，从理论上讲终将会达到限度。这是因为，如果把电路的线幅变小，将使构成电路的绝缘膜变得极薄，这样将破坏绝缘效果。此外，还有发热和晃动等问题。为了解决这些问题，研究人员正在研究新型的纳米技术。

第三种概念，是从生物的角度出发而提出的。本来，生物在细胞和生物膜内就存在纳米级的结构。

目前，纳米技术通常定义为在0.1—100纳米的尺度里，研究电子、原子和分子内的运动规律和特性的一项崭新技术。科学家们在研究物质构成的过程中，发现在纳米尺度下隔离出来的几个、几十个可数原子或分子，显著地表现出许多新特性，而利用这些特性制造具有特定功能设备的技术，就称为纳米技术。

综上，纳米技术是一门交叉性很强的综合学科，研究的内容涉及现代科技的广阔领域。纳米科技现在已经包括纳米生物学、纳米电子学、纳米材料学、纳米机械学、纳米化学等学科。从包括微电子等在内的微米科技到纳米科技，人类正越来越向微观世界深入，人们认识、改造微观世界的水平提高到前所未有的高度。

时常出现的纳米物品

纳米电子器件是指以纳米技术制造的电子器件，其性能大大优于传统的电子器件，比如，工作速度快。纳米电子器件的工作速度是硅器件的1000倍，因而可使产品性能大幅度提高。功耗低，纳米电子器件的功耗仅为硅器件的1/1000。信息存储量大，在一张不足巴掌大的5英寸光盘上，至少可以存储30个北京图书馆的全部藏书。体积小、重量轻，可使各类电子产品体积和重量大为减小。

纳米金属颗粒。纳米材料有个“脾气怪”—— 纳米金属颗粒易燃易爆，几个纳米的金属铜颗粒或金属铝颗粒，一遇到空气就会产生激烈的燃烧，发生爆炸。因此，纳米金属颗粒的粉体可用来做成烈性炸药，做成火箭的固体燃料可产生更大的推力。用纳米金属颗粒粉体做催化剂，可以加快化学反应速率，大大提高化工合成的产出率。

纳米氧化物颗粒在光的照射下或电场作用下能迅速改变颜色。用它做士兵防护激光枪的眼镜很好，将纳米氧化物材料做成广告板，在电、光的作用下，会变得更加绚丽多彩。

纳米半导体材料可以发出各种颜色的光，可以做成小型的激光光源，还可将吸收的太阳光中的光能变成电能。用它制成的太阳能汽车、太阳能住宅有巨大的环保价值。用纳米半导体做成的各种传感器，可以灵敏地检测温度、湿度和大气成分的变化，在监控汽车尾气和保护大气环境上将得到广泛应用。

纳米药物治病救人，把药物与磁性纳米颗粒相结合，服用后，这些纳米药物颗粒可以自由地在血管和人体组织内运动。再在人体外部施加磁场加以导引，使药物集中到患病的组织中，药物治疗的效果会大大提高。还可利用纳米药物颗粒定向阻断毛细血管，“饿”死癌细胞。纳米颗粒还可用于人体的细胞分离，也可以用来携带DNA治疗基因缺陷症。目前已经用磁性纳米颗粒成功地分离了动物的癌细胞和正常细胞，在治疗人的骨髓疾病的临床实验上获得成功，前途不可限量。

纳米卫星将飞向天空，在纳米尺寸的世界中人们能够按照自己的意愿，自由地剪裁、构筑材料，这一技术被称为纳米加工技术。纳米加工技术可以使不同材质的材料集成在一起，它既具有芯片的功能，又可探测到电磁波（包括可见光、红外线和紫外线等）信号，同时还能完成电脑的指令，这就是纳米集成器件。将这种集成器件应用在卫星上，可以使卫星的重量、体积大大减小，发射更容易，成本也更便宜。

纳米碳管是1991年才被发现的一种新型碳结构，它是由碳原子形成的石磨烯片层卷成的无缝、中空的管体。一般可分为单壁纳米碳管和多壁纳米碳管。

基于纳米碳管的种种特性，人们已经开始探索在实际商业制品中如何利用它们。曾获得诺贝尔奖的R.E.斯莫利称：“纳米碳管将是价格便宜，环境友好并为人类创造奇迹的新材料。”

在人们的印象中，钢应该是强度很高的了，然而，理论预测的纳米碳管强度大约为钢的100倍，而密度只有钢的1/6，并具有很好柔韧性。

此外，利用纳米碳管添加作为导电材料，由于具有较高的导电性能，因而能满足人们的需要，起到静电屏蔽作用，同时能够提高家庭接收的广播电视信号质量。

现在生活中的噪音污染越来越严重，对于人类身体健康都会产生危害。纳米碳管具有一定吸附特性，如果在建筑物的表面或是门窗上涂一层添加纳米碳管的屏蔽材料，就可以降低噪音，减少对人体的危害。在日常生活中人们还将纳米碳管制成各种各样的传感器，由于吸附的气体分子与纳米碳管发生相互作用可引起其电阻发生较大改变，通过检测其电阻变化可检测气体成分，因此单壁纳米碳管可用作气体分子传感器。

中国的全球定位系统

为什么研发“北斗”

1994年，国家批准北斗卫星导航系统研制建设任务，2000年10月31日和2000年12月21日分别发射一颗试验导航卫星，从而初步建成“北斗导航”卫星双星导航定位系统，标志着我国卫星导航技术取得突破性进展，我国成为世界上第三个拥有自主卫星导航系统的国家，与美国GPS、俄罗斯“格罗纳斯”、欧洲“伽利略”系统并称全球四大卫星导航系统。

GPS导航卫星

GPS导航卫星是为地面、海洋、空中和空间用户导航定位的人造地球卫星，导航卫星属于卫星导航系统的空间部分，它装有专用的无线电导航设备。用户接收卫星发来的无线电导航信号，根据卫星发送的时间、轨道参数求出在定位瞬间卫星的实时位置坐标，从而定出用户的地理位置坐标（二维或三维）和速度等。基于GPS导航卫星高精度、全天候、覆盖全球等优点，最初，它是运用在军事上的。

1960年4月，美国发射了世界上第一颗导航卫星“子午仪”，并于1964年7月组成导航卫星网正式投入使用，主要是为核潜艇提供全天候导航定位。为发展三维导航卫星系统，美国于20世纪70年代初，开始研制第二代导航卫星“导航星”，于80年代中后期组网为全球定位系统。与此同时，苏联也在发展全球卫星导航系统。

“子午仪”导航卫星的定位精度一般为40~50米，其卫星网由5~6颗卫星组成，它运行在高度约1000千米的圆形极地轨道上，连续播送150兆赫和400兆赫的双频导航信号，采用双频是为了修正电离层对导航信号的折射影响。用户从测得无线电信号的频率变化中计算其相对于卫星的速度，根据这个速度和卫星发送的轨道参数与时间信号，即可算出自身的地理位置坐标。卫星的轨道参数是由地面上几个跟踪观测站同时进行测量和计算，然后发往卫星的。不过，“子午仪”导航卫星并不能做到随时定位，用户大约每隔1.5小时才能收到一次导航信号。

而经过改进的第二代导航卫星——美国“导航星”全球定位系统，可以做到随时定位。其工作原理是多星时间测距，每颗导航星都装有非常精确的铷原子钟，每3万年误差1秒。卫星连续播送其位置和时间信号，如果用户使用与卫星严格同步的时钟，同时接收3颗卫星发射的信号，测定信号从卫星到用户的传播时间，求得3个距离，根据这3个距离及3颗卫星的轨道参数和时间信号，即可精确地计算出用户的位置（经纬度和高度）。如果用户不携带高精度的铷原子钟，就需要接收几何位置适当的4颗卫星发射的信号，才能精确定位，并获得精确的时间和运动速度。该系统定位精度为十几米，测速精度优于0.1米/秒，授时精度优于1微秒。GPS导航卫星还可用来进行几何大地测量，但测量台、站必须遍布全球各地才能达到测地的目的。

要拥有独立的导航系统

GPS是英文Global Positioning System（全球定位系统）的简称。GPS起始于1958年美国军方的一个项目，1964年投入使用。20世纪70年代，美国陆海空三军联合研制了新一代卫星定位系统GPS 。主要目的是为陆海空三大领域提供实时、全天候和全球性的导航服务，并用于情报收集、核爆监测和应急通信等一些军事目的，经过20余年的研究实验，耗资300亿美元，到1994年，全球覆盖率高达98%的24颗GPS卫星星座已布设完成。

这样看来，GPS是一个以军用为主的卫星导航系统，所有权、控制权、运营权都属于美国国防部，而且GPS发射不同的无线信号分别为军事和民用使用。2000年以前，美国军方对GPS发布的民用信号进行干扰，为的是降低民用信号提供精度，保护美国信息安全。由于控制权在军方手中，这让很多国家的民用用户担心，美国军方可以随时终止民用信号的提供。

看到这里，你也许明白为什么要研发“北斗”了。只有拥有了自己的系统，一个国家的导航应用才能取得独立性，而且自己的导航系统更加可靠。我国的北斗卫星导航系统可以承诺提供不间断的民用信号，对于国家来说，相当于一个“双保险”。不管是军用还是民用，不管是发展国家的经济，还是维护国家安全，导航系统在未来都将具有越来越大的作用。在涉及国家安全的银行、交通、公共安全等领域，用自己的系统更加“放心”。

“三步走”发展战略

卫星导航系统是重要的空间信息基础设施。为更好地服务于国家建设与发展，满足全球应用需求，我国启动实施了北斗卫星导航系统建设，努力探索和发展拥有自主知识产权的卫星导航系统。

第一步，2000年建成北斗卫星导航试验系统，用少量卫星利用地球同步静止轨道来完成试验任务，为北斗卫星导航系统建设积累技术经验、培养人才，研制一些地面应用基础设施设备等，使中国成为世界上第三个拥有自主卫星导航系统的国家。目前，该系统已成功应用于测绘、电信、水利、渔业、交通运输、森林防火、减灾救灾和公共安全等诸多领域，产生显著的经济效益和社会效益。特别是在2008年北京奥运会、汶川抗震救灾中发挥了重要作用。

第二步，到2012年计划发射10多颗卫星，建成覆盖亚太区域的北斗卫星导航定位系统，具备覆盖亚太地区的定位、导航和授时以及短报文通信服务能力。

2011年12月27日，北斗卫星导航系统的新闻发言人、中国卫星导航系统管理办公室主任冉承其宣布：北斗卫星导航系统正式提供试运行服务。试运行服务期间主要性能服务区为东经84度到160度，南纬55度到北纬55度之间的大部分区域；位置精度可达平面25米、高程30米；测速精度达到每秒0.4米；授时精度达50纳秒。前期系统测试和试验评估表明，中国已经具备25米左右的定位服务精度。到2012年底系统基本建成，提供正式运行服务，服务精度达到10米左右。

第三步，2020年左右建成由5颗静止轨道和30颗非静止轨道卫星组网而成的全球卫星导航系统。“北斗二号”将为中国及周边地区的军民用户提供陆、海、空导航定位服务，促进卫星定位、导航、授时服务功能的应用，为航天用户提供定位和轨道测定手段，满足导航定位信息交换的需要等。

四大亮点

亮点1：混合轨道

北斗导航轨道是个特殊的混合轨道，可提供更多的可见卫星的数目，卫星一多，导航定位的精度就越高，能支持更长的连续观测的时间和更高精度的导航数据。北斗卫星导航系统开放服务可以向全球免费提供定位、测速和授时服务，定位精度10米，测速精度0.2米/秒，授时精度10纳秒。

亮点2：通信功能

和美国GPS、俄罗斯“格罗纳斯”相比，北斗系统用户终端增加了“短报文通信”功能，可双向报文通信，用户最多可传送120个汉字的短报文信息，解决了何人、何事、何地的问题。把短信和导航结合，是北斗卫星导航系统的独特发明，将给用户和企业带来更加良好的应用前景。

亮点3：位置报告

用户与用户之间可以实现数据交换。比如物流公司监控，把车上所有货物的信息通过传感器发到信息中心，就可以用北斗链路完成信息收集以后进行发射。只要到了信息中心，可以自动算出发射时间和位置，信息量比GPS强得多。

亮点4：模式兼容

北斗全球定位系统功能具备与GPS、“伽利略”广泛的互操作性。北斗多模用户机可以接收北斗、GPS、“伽利略”信号，并且实现多种原理的位置报告，稳定性更高。

全方位双星导航定位系统

北斗卫星导航系统由空间端、地面端和用户端三部分组成。空间端规划为5颗静止轨道卫星和30颗非静止轨道卫星。地面端包括主控站、注入站和监测站等若干个地面站。用户端由北斗用户终端以及与美国GPS、俄罗斯“格罗纳斯”、欧洲“伽利略”等其他卫星导航系统兼容的终端组成。中国此前已成功发射4颗北斗导航试验卫星（属于“北斗一号”）和16颗北斗导航卫星（属于“北斗二号”），将在系统组网和试验基础上，逐步扩展为全球卫星导航系统。

“北斗一号”：区域覆盖的导航能力

卫星导航定位技术，是指利用在太空中的导航卫星对地面、海洋和空间用户进行导航定位的一种新兴技术。与传统的导航定位技术相比，卫星导航定位技术具有全时空、全天候、高精度、连续实时地提供导航、定位和授时的特点，已成为人类活动中普遍采用的一种主要导航定位技术。

使用2颗卫星组建导航系统是美国吉奥星公司率先提出的，但美国和欧洲的公司在这方面的研制均遭遇挫折，而中国却首先实现了这项卫星导航定位的创新工程。其基本原理是采用三球交会测量，利用两颗位置已知的地球同步轨道卫星为两球心，两球心至用户的距离为半径作两球面，另一球面是以地心为球心，以用户所在点至地心的距离为半径的球面，三个球面的交会点就是用户位置。这种导航定位方式与GPS、“格罗纳斯”所采用的被动式导航定位相比，虽然在覆盖范围、定位精度、容纳用户数量等方面存在明显的不足，但其成本低廉，系统组建周期短，同时可将导航定位、双向数据通信和精密授时结合在一起，使系统不仅可全天候、全天时提供区域性有源导航定位，还能进行双向数字报文通信和精密授时。另外，当用户提出申请或按预定间隔时间进行定位时，不仅用户能知道自己的测定位置，而且其调度指挥或其他有关单位也可掌握用户所在位置，因此特别适用于需要导航与移动数据通信相结合的用户，如交通运输、调度指挥、搜索营救、地理信息实时查询等，而在救灾行动中起作用显现尤为明显。

“北斗一号”导航卫星选用“东方红三号”卫星平台，总重约2300千克，卫星设计使用寿命8年。卫星采用三轴稳定方式，由有效载荷（转发器、天线）、电源、测控、姿态和轨道控制、推进、热控、结构等分系统组成；卫星本体为2000毫米×1720毫米 ×2200毫米的立方体箱形结构，分为服务舱、推进舱和载荷舱。

2000年10月31日，北斗导航卫星01星发射，11月6日成功定点于东经140° ；2000年12月21日，北斗导航卫星02星发射，12月26日成功定点于东经80° 。两颗卫星顺利完成在轨性能测试，性能参数满足研制任务要求，利用两颗卫星构成了双星导航定位系统，为用户提供导航定位服务。2003年5月25日，北斗导航卫星03星发射，6月3日成功定点于东经110.5° ，它作为备份星使用。2007年2月3日成功发射的北斗导航试验卫星04星，是接替01星继续服务的。

已经投入运行的“北斗一号”试验卫星导航系统主要能为服务区域内的用户提供全天候、实时定位服务，可在中国及周边地区为单兵、车辆、舰船和飞机等用户提供精度为20~100米的定位服务，通过它一次可传送多达120个汉字的信息，其授时精度可达20纳秒。

“北斗一号”导航卫星双星导航定位系统的建立，在为公路交通、铁路运输、海上作业、森林防火、灾害预报以及其他特殊行业提供高精度定位、授时和短报文通信等服务，取得了较好的应用成效。

2008年5月12日，四川汶川地震发生后，道路中断、通信中断，震中附近的重灾区失去了与外界的一切通信联系，中国卫星导航定位应用管理中心紧急调拨上千台“北斗”用户机配备一线救援部队。在此次救援活动中，“北斗一号”试验卫星导航系统所具有的覆盖范围广、受地面影响小、定位报告及时等优势得到了充分发挥，成为救援指挥部和前方救援人员最有力的通信助手，最大限度地保证了“72小时黄金抢救时间”的最有效利用。这也是我国第一代北斗导航卫星成功应用的典范！

“北斗二号”：具备全球导航能力

2007年4月14日，我国成功发射了第二代第1颗北斗导航卫星。2009年4月15日，又成功将第2颗北斗导航卫星送入预定轨道。中国卫星导航工程中心负责人介绍，该次发射的北斗导航卫星（COMPASS-G2），是中国北斗卫星导航系统建设计划中的前两颗组网卫星，是地球同步静止轨道卫星。这两颗卫星的成功发射，对于北斗卫星导航系统建设具有十分重要的意义。在此后几年我国继续发射导航卫星，计划在2020年之前建成一个由三十几颗卫星组成的全球导航定位系统。目前我国的各种导航定位设备都要靠美国的GPS系统提供服务，“北斗二号”系统建成后，将使我国在卫星应用方面摆脱对国外卫星导航系统的依赖，并且中国导航卫星也从此开始具备全球导航定位能力。

“北斗二号”卫星导航系统空间段将由5颗静止轨道卫星和30颗非静止轨道卫星组成，它们是无源导航卫星，不同于第一代的有源导航，这可以为需要导航的用户带来极大的安全。该卫星提供两种服务方式，即开放服务和授权服务。开放服务是在服务区免费提供定位、测速和授时服务，定位精度为10米，授时精度为50纳秒，测速精度为0.2米/秒。授权服务是向授权用户提供更安全的定位、测速、授时和通信服务。

据了解，目前我国卫星导航定位的应用范围和行业不断扩展，全国卫星导航应用市场规模以每两年翻一番的速度快速增长。近年来，我国卫星导航定位业务发展很快，“北斗”卫星导航系统的用户已突破30万户，直接产值达35亿元，占中国导航定位产业的20%左右，由它带动的相关产业将达数百亿元。我国正出台政策加快“北斗二号”卫星导航系统的建设，制定“北斗二号”卫星导航系统民用应用政策，促进“北斗二号”卫星导航系统的产业化应用，鼓励其他行业和领域采用“北斗”卫星导航兼容其他卫星导航系统的服务体制。目前我国及周边国家主要依靠美国的GPS系统来进行导航定位服务，而随着中国“北斗二号”系统的建成，将使我国在卫星应用方面摆脱对国外卫星导航系统的依赖，也将逐步拥有大批的海外固定应用客户，并带动一大批国内高技术产业，形成新的经济增长点，甚至直接拉动我国航天技术的进步。

“北斗”独门绝招

美国和俄罗斯相继在20世纪末期，建成了全球卫星导航系统GPS和格罗纳斯，欧盟目前正在加快进行“伽利略”系统建设，印度也大有奋起直追的潜能。那么，与其他国家的卫星导航系统相比，尤其是与GPS相比，我国的北斗导航系统有什么“独门绝招”呢?

地球同步卫星

中国北斗卫星是地球同步静止轨道卫星，那么，什么是地球同步静止轨道卫星呢？卫星运行周期与地球自转周期（23小时56分4秒）相同的轨道称为地球同步卫星轨道，而在无数条同步轨道中有一条圆形轨道，它的轨道平面与地球赤道平面重合，在这个轨道上所有的卫星从地面上看都像是悬在赤道上空静止不动，这样的卫星称为地球同步轨道卫星（简称静止卫星）。

如果没有高超的火箭技术和遥测控制技术，发射不了静止卫星。目前世界上只有美国、俄罗斯、法国、中国和日本等几个国家能独立发射这种卫星。静止卫星的发射要比低轨道卫星难得多，不但需要大推力运载火箭，而且卫星的发射过程比较复杂。

具体地说，发射静止卫星一般用三级火箭，卫星本身还装有远地点发动机，整个发射过程要经过三次轨道变换，卫星才能到达预定的位置。运载火箭的第一级和第二级首先把卫星连同第三级火箭送入100~200千米高的圆形轨道，称为停泊轨道。然后第三级火箭分两次点火，把卫星送入远地点在赤道上空约35800千米的大椭圆轨道，称为转移轨道。

卫星在转移轨道上运行的过程，由地面测控中心控制，调整卫星姿态，在到达远地点时，指令远地点发动机点火，把卫星送入准静止轨道，经过一段时间飘移最后定点在预定位置（发射成功），这个位置可用经度表示，例如我国的“东方红三号”通信卫星定位在东经125°。

GPS导航系统基本原理

在了解北斗导航系统与GPS的不同之处前，需要先了解GPS导航系统的基本原理。GPS是一个中距离圆形轨道卫星导航系统。它可以为地球表面绝大部分地区（98%）提供准确的定位、测速和高精度的时间标准。系统由美国国防部研制和维护，可满足位于全球任何地方或近地空间的军事用户连续精确地确定三维位置、三维运动和时间的需要。该系统包括太空中的24颗GPS卫星，地面上的1个主控站、3个数据注入站和5个监测站及作为用户端的GPS接收机。只需其中3颗卫星就能迅速确定用户端在地球上所处的位置及海拔高度。这也就是说，如果所能连接到的卫星数越多，解码出来的位置就越精确。

GPS导航系统的基本原理是测量出已知位置的卫星到用户接收机之间的距离，然后综合多颗卫星的数据就可知道接收机的具体位置。要达到这一目的，卫星的位置可以根据星载时钟所记录的时间在卫星星历中查出。而用户到卫星的距离则通过记录卫星信号传播到用户所经历的时间，再将其乘以光速得到。由于大气中电离层的干扰，这一距离并不是用户与卫星之间的真实距离，而是伪距（由于含有接收机卫星钟的误差及大气传播误差，故称为伪距）；当GPS卫星正常工作时，会不断地用1和0二进制码元组成的伪随机码（简称伪码）发射导航电文。GPS系统使用的伪码一共有两种，分别是民用的C/A码和军用的P（Y）码。C/A码频率1.023兆赫兹，重复周期一毫秒，码间距1微秒，相当于300米；P码频率10.23兆赫兹，重复周期266.4天，码间距0.1微秒，相当于30米。而Y码是在P码的基础上形成的，保密性能更佳。

导航电文包括卫星星历、工作状况、时钟改正、电离层时延修正、大气折射修正等信息。它是从卫星信号中解调制出来，在载频上发射的，每30秒重复一次，每小时更新一次。导航电文中的内容主要有遥测码、转换码、第1、2、3数据块，其中最重要的则为星历数据。当用户接收到导航电文时，提取出卫星时间并将其与自己的时钟对比便可得知卫星与用户的距离，再利用导航电文中的卫星星历数据推算出卫星发射电文时所处位置，用户在大地坐标系中的位置、速度等信息便可得知。

与北斗导航系统相比，GPS覆盖范围要更广一些，因为GPS是在6个轨道平面上设置24颗卫星，轨道赤道倾角55°，轨道面赤道角距60°。这能够确保地球上任何地点、任何时间能同时观测到6~9颗卫星（实际上最多能观测到11颗），因而GPS是覆盖全球的全天候导航系统。

北斗，试运行服务期间，位置精度可达平面25米、高程30米；测速精度达到每秒0.4米；授时精度达50纳秒。到2012年底系统基本建成后，服务精度能达到10米左右。GPS三维定位精度P码（军用）目前已由原来的16米提高到6米，C/A码（民用）目前已由原来的25~100米提高到12米，授时精度目前约20纳秒。GPS授时系统是针对自动化系统中的计算机、控制装置等进行校时的高科技产品，GPS授时产品从GPS卫星上获取标准的时间信号，将这些信息通过各种接口类型来传输给自动化系统中需要时间信息的设备（计算机、保护装置、故障录波器、事件顺序记录装置、安全自动装置等），这样就可以达到整个系统的时间同步。

“北斗”如何实现短信通信功能

北斗定位导航系统是一种全天候、高精度、区域性的卫星导航定位系统，可实现快速导航定位、双向简短报文通信和定时授时三大功能，其中后两项功能是全球定位系统（GPS）所不能提供的，且其定位精度在我国地区与GPS定位精度相当——这就是北斗导航系统的“独门绝招”。

整个系统由地球同步卫星、中心控制系统、标校系统和用户机四大部分组成，各部分间由出站链路（即地面中心至卫星至用户链路）和入站链路（即用户机至卫星中心站链路）相连接。下面以已投入运行的“北斗一号”为例，来看看“北斗”是如何施展它这些“独门绝招”的：

中心站以特定的频率发射地球同步卫星分别向各自天线波束覆盖区域内的所有用户广播。当用户需要进行定位或者通信服务时，相对于接收信号（出站信号）某一帧，提出申请服务项目并发送入站信号，经两颗卫星转发到地面中心，地面中心接到此信号后，解调出用户发送的信息，测量出用户至两颗卫星的距离，对定位申请计算用户的地理坐标。由于卫星的位置是已知的，分别为两球的球心，另一球面是基本参数已确定的地球参考椭球面，三球交会点为测量的用户位置。

用户的位置信息放在出站信号某帧的数据段内，经卫星1或卫星2转发给申请用户，对通信申请，将通信内容以同样的方式发给收信用户。地面中心站将在每一超帧周期内的第一帧的数据段发送标准时间（天、时、分的信号与时间修正数据）和卫星的位置信息，用户接收此信号与本地时钟进行比对，并计算出用户本地时种与标准时间信号之间的差值，然后调整本地时钟与标准时间对齐（单向授时）；或将对比结果通过入站链路经卫星转发回地面中心，由地面精确计算出本地时钟和标准时间的差值，再通过出站信号经卫星1或卫星2转发给用户，用户按此时间调整本地时钟与标准时间信号对齐（双向授时）。

地球空间探测

双星探测地球空间

半个多世纪以前，绝大多数科学家都认为地球除了接受太阳光的辐射恩惠外，几乎是在一个空无一物的真空中运行着。现在这种观念已经发生根本改变了，这缘于日地空间物理学的兴起及发展。事实上，地球是沉没和行驶在一种电离气体——等离子体的海洋里，像潜艇在海洋中一样，在充满各种能量的等离子体洪流中高速行驶着。

空间探测现状

20世纪的前50年，人们对地球外层大气和电离层都知之甚少，更不用说广袤日地空间里的现象。受观测方法的局限，主要是地面上对地磁变化的观察，分布全球的地磁台长期观测分析出地磁场的各种变化，并由此反演和推断引起这种变化的外空原因。地磁场每日规则变化反演地球高空电离层电流体系和由地磁暴推断围绕地球环电流的存在就是成功的例子。

早在1931年，恰普曼就预见到地球磁场不会延伸到无穷远，它们将被太阳风限制住，他计算了太阳风等离子体和地磁场的相互作用。把高速向地球扫过来的太阳风等离子体看做是几乎没有电阻的导体平面，在导体一侧有地球偶极子磁场，另一侧是没有磁场的等离子体，这样太阳风等离子体前进到接近地球磁场时，导体平面就产生感应电流，这感应电流既把地磁场限制在一定范围内，同时也阻止太阳风等离子体穿入地磁场深处。这就是我们今天了解到的地球磁层形成的雏形。1958年美国天文学家帕克预言了太阳风——

太阳连续吹出的等离子体流，四年后观测结果证实了地磁场确实被太阳风包围，完全被限定在一个范围，地球和行星际空间接壤有了自己永久的边界，这就是磁层。

太阳高能粒子可直达电离层和地球大气。夜间围绕地磁尾的是薄的等离子体片。在环绕地球的赤道区高能电子和离子形成几个分立的捕获区，叫做辐射带，它们被更广大的热等离子层包围着。所有这些结构都通过地磁力线与地球的电离层联系着。边界层附近是太阳风穿入磁层的冷等离子体和由磁层内部逃逸出来的等离子体，它们混合着。

太阳表面发生的剧烈活动（耀斑、日冕物质抛射事件等等），会使通常比较稳定的行星际太阳风发生剧烈变化，并影响地球磁层，特别是将能量聚集到磁尾，然后通过磁暴和磁层亚暴将能量释放出来。磁暴和磁层亚暴主要通过粒子尘降、场向电流和对流电场，向地球两极地区输送能量产生极光，并引起电离层、热层扰动，形成电离层暴和热层暴，影响中性大气和电离层全球结构变化。在磁暴期间，赤道环电流增强，在地面形成强烈的地磁扰动。有时磁暴期间还会形成辐射带，它是和太阳活动密切相关的。

在空间时代来临之前，人类对外层空间的认识主要是根据地球表面观测到的现象去推测外层空间所发生的一些物理过程。1958年第一颗人造地球卫星的发射成功开辟了人类对地球外层空间和行星际直接探测的新时代，随着航天技术飞速发展，人类探测、研究和利用日地空间的能力也有了极大的提高，发现了大量新的现象（地球辐射带、地球弓激波、磁层顶、磁尾和太阳风等）。目前空间探测的重点已由早期开拓疆土式的空间发现转入深入了解地球空间环境发生复杂物理过程等方面。

空间探测的发展趋势

世界空间探测已进入全面发展的新时代，首先，空间探测已趋向多元化，而不再是美苏等一两个国家独霸空间探测领域。欧洲正迅速崛起，不仅连续成功发射火星探测器、月球探测器和彗星探测器，而且还将发射金星和水星探测器，并在2004年初宣布了其庞大的“曙光”空间探测计划，同时向美国“叫板”，计划在2030年左右把人送上火星。中国和印度也将在空间探测方面占有一席之地。中国于2004年初正式开始实施“嫦娥”探月工程，2006—2007年发射首颗探月卫星。印度则在2004年决定，把原计划于2008年发射“月球初航”探测器的时间提前到2007年。探测技术水平大幅度提高是特点之二。例如，“勇气”号和“机遇”号的性能远高于1997年首次在火星上行驶的“旅居者”号火星车，实现了对火星较大范围的移动考察，代表了火星探测的重要阶段。经过13个月的飞行，欧洲“智慧”1号月球探测器于2004年11月15日进入绕月轨道，从而表明，这个世界第1个联合使用太阳能电推进系统和月球引力的空间探测器达到了预期的效果，此举对未来航天技术的发展产生重要作用。在经过长达约7年、航行35亿千米的星际历程之后，价值连城的世界首个土星专用探测器“卡西尼”，终于在2004年7月1日进入土星轨道，它已发回不少宝贵的图像，并在12月25日向“土卫六”表面释放“惠更斯”着陆器。第三个特点是彗星探测成为“新宠”。2004年1月，飞行已久的美国“星尘”号彗星探测器与怀尔德2号彗星交会，并在离彗核很近的距离用密度极低的氧化硅气溶胶首次获取彗核物质，现正飞行在返回地球的途中。这将是人类首次把除地球的卫星——月球以外的样本送回地球，也是“阿波罗”计划后的首次样品回送任务。这些样品可为宇宙形成和地球生命起源的研究提供重要线索。欧洲空间局则在2004年3月2日发射了第1个彗星探测器“罗塞塔”。它将经过10年的长途跋涉进入“楚留莫夫—格拉西门克”彗星轨道，并向该彗星着陆器，这在人类航天史上也是前所未有。

总的来说，空间探测将为人类大规模开发空间资源奠定技术基础，解决地球上存在的能源问题、人口问题和环境问题等。地球能容纳的人口是有限的，大约80亿~110亿，因此有人已经开始研究向外空移民的方案了；地球上的能源也日益紧张，开发太空矿藏也是空间探测的一大目标。

从目前人类的科学认识、技术水平和经济条件等方面综合考虑，在可以预测的将来，空间探测重点仍将是月球和火星。月球探测的战略目标是建设月球基地，开发和利用月球的资源和能源与特殊环境，为人类社会的可持续发展服务。欧洲的“智慧1号”计划、中国的“嫦娥”计划和印度的月球探测计划等，均以月球资源探测为主要目标。21世纪前20年将掀起人类探测火星的新热潮，这是人类开展深空探测的关键性步骤。人类可望在这期间从火星上带回样品，并最终实现载人登上火星。

日地空间物理未解决的前沿问题

人类经过了数千年的努力，从陆地走向海洋，飞上蓝天。以1957年成功地发射第一颗人造地球卫星为标志，人类进入了太空，开始了太空时代。近50多年来人类发射了几千颗卫星，为人类提供了通信、导航、气象、资源勘探等方面的服务，已经成为人类生活不可缺少的部分。

然而，肩负重任的各类卫星在太空却面临极其严酷的环境，卫星不断被破坏。就像地面上有电闪雷鸣，刮风下雨一样，地球空间中也有类似的现象。例如地球磁层亚暴过程中，大量的带电粒子像疾风骤雨一样从地球磁尾（即背离太阳一侧）向地球冲过来。这些电子能够导致卫星充电，严重时可以将卫星充电到几万伏高压，最后导致卫星放电被烧毁。地球磁暴过程中，围绕地球形成了一个巨大的电流环，其强度可以达到几百万安培。这个巨大的电流通过地磁场的剧烈变化可以在地面上感应出巨大电流，将地面上的输油管道、供电线路烧毁。伴随着磁暴产生的高能粒子，可以像子弹一样击毁卫星上的部件。例如：

1991年7月7日，欧洲遥感卫星上的CMOS器件被烧毁，精确测速测距装置破坏，卫星停止了工作。

1997年1月11日，美国AT&T公司的Telstar401卫星被太阳活动引起的空间环境扰动损坏，导致北美的寻呼机和长途电话大范围中断，通信中断的影响甚至波及了金融、股票正常的运行。

1998年5月的一次太阳耀斑爆发后，当日冕物质抛射、磁云扫过地球时，在地球磁层引起了持续几周的新的相对论性电子辐射带，德国科学卫星EQUATOR-S和美国商业卫星GALAXY-4遭受高能电子的轰击而深层充电，于5月1日和19日先后报废。

为了避免和减少人类航天活动的损失和危险，就需要对空间环境发生的各种物理过程有一个深入的了解，进而就像预报地面上刮风下雨一样，实现对空间环境中各种重要灾害性事件进行监测和预报。

所以地球空间并不是静止的，它是太阳活动的影响下经常处于剧烈的扰动状态中，称为地球空间暴。其中磁层空间暴（包括磁层亚暴，磁暴和磁层粒子暴等）是地球空间暴的最重要部分，也是一些其他地球空间暴的产生源头。在地球两极地区发生的极光就是磁层亚暴的一种表现形式。这些与人类活动密切相关的磁层空间暴的产生机制和发展规律目前还不为人类所了解。以刘振兴院士为首的中国科学家提出的地球空间双星探测计划的科学目标就瞄准了这一最有挑战性的重大科学问题。

我国的双星计划

双星计划是我国第一次以自己提出的探测计划并开展国际合作的重大科学探测项目。双星计划与欧洲空间局Cluster II的4颗卫星相配合，在人类历史上第一次进行地球空间“六点探测”，开始了地球空间天气多层次和多时空尺度研究新阶段。

双星计划简介

双星计划主要研究太阳活动和行星际扰动触发磁层空间暴和灾害性地球空间天气的物理过程，进而建立磁层空间暴的物理模型，地球空间环境动态模型和预报方法。

双星计划包括两颗小卫星：近地赤道卫星，轨道高度577~78916千米，和近地极区卫星，轨道高度558~38362千米。赤道卫星将探测近地磁尾区的磁层空间磁暴过程及向阳面磁层顶区太阳风能量向磁层中的传输过程；极区卫星将探测太阳风能量和近地磁尾区能量向极区电离层和高层大气的传输以及电离层粒子向磁层中的传输过程。

这两颗卫星运行于目前国际日地物理计划（ISTP）探测卫星尚未覆盖的地球空间重要活动区。赤道卫星和极区卫星相互配合，构成具有明显创新特色的星座式独立探测体系，可以对地球空间暴发生机制和发展规律进行立体探测。

“地球空间双星探测计划”的轨道设计和科学目标，正是当前国际上日地空间物理发展所需求的，因而受到了国际空间物理界的重视，并主动表示积极与双星计划进行合作。1997年11月欧洲空间局（简称欧空局）科学代表团访华期间，该局当时的科学部主任R. Bonnet和CLUSTER 2项目科学家对双星计划进行了认真的评议，指出："中科院空间中心提出的双星计划将会对正在实施的国际日地物理计划（ISTP）作出重要贡献，对于提高欧空局CLUSTER 2项目的科学意义也是至关重要的。"

双星计划的目标是什么

双星计划的两颗小卫星，运行于目前国际上一些地球空间探测卫星尚未覆盖的两个重要活动区（近地赤道区和近地极区），用高分辨率的仪器探测这两个活动区场和粒子的时空变化规律，系统研究地球空间环境全球变化对太阳活动、行星际扰动及磁层亚暴和磁暴的响应过程。建立地球空间环境的动态模式和物理预报方法，为空间活动的安全、空间军事防御及人类生存环境的维护提供科学依据和对策。

推动我国空间和空间环境探测技术跨越式的发展，缩短与国际上的差距。通过国际合作，提高我国有效载荷研制技术的发展；推动卫星平台某些技术，如卫星剩磁和卫星表面等电位等技术的发展。

提高我国卫星科学数据系统有关科学和技术的发展，如科学运行硬件和软件系统，科学运行计划，在轨科学数据校正和数据产品研制等。

获取大量可靠的科学探测数据，提出符合实际的地球环境动态模式和预报方法，为保障航天活动和国家安全提供科学数据和防护对策。

通过双星计划，不断提高与欧空局合作的层次和规模，提高和显示我国的科技实力和水平，提高我国在国际空间界的地位和作用。

双星探测计划的重要意义

双星和Cluster四点星座计划结合，是空间物理学发展史上第一个以磁场—等离子体系统多尺度相互作用和地球空间三维时空变化为目标的探测和研究计划。它为进行重大原创性研究提供了宽广的研究空间，可将我国日地物理学研究推向国际前沿，对推进我国空间探测技术跨越式发展、提高我国空间物理研究和空间天气预报的创新能力具有重要意义。

第一，全面了解地球空间环境连锁变化的物理过程。

第二，通过双星计划的实施，除获得双星的大量科学数据外，还可获得Cluster II四颗卫星（44台仪器）的探测数据和与Cluster II相配合的30个地面站的观测数据，以及国际其他卫星的探测数据，揭示地球空间等离子体与磁场的三维小尺度结构及多尺度相互作用的物理图像。

第三，提供空间物理和等离子体物理研究的“空间实验室”，推动太阳物理、磁流体力学、特别是等离子体物理学和天体物理学等相关科学研究以及行星空间环境比较研究的发展。

第四，通过本项目研究，可培养一支熟习空间探测技术、数据处理与分析和理论研究的、水平高、人数多的年轻科技队伍，并锻炼和涌现出一批具有国际影响和知名度的、为我国空间科学技术和等离子体物理学的发展做出杰出贡献的优秀人才。

第五，建立我国的星—地联合观测系统。双星计划与“亚太合作小卫星计划”和地面“子午链工程”相配合，形成我国的星—地联合观测系统。这对我国的空间物理和空间环境研究和发展将起重要作用。

这个项目的实施可为保障我国航天活动的安全提供科学数据、科学依据和对策。

地球空间是各种应用卫星（气象卫星、通信卫星、资源卫星、导航定位卫星等）、航天飞机与空间站的飞行区域，是目前人类开发和利用太空资源、进行太空军事进攻与防御的主要活动领域，同时也是主要的灾害空间天气的直接发生地。地球空间暴是空间天气研究的核心内容。本项目可为空间天气预报建立理论基础，提供预报方法和模型，为我国今后空间天气地基和空间观测网重大工程的建设进行概念准备。

同时，通过双星计划可以提高我国与欧空局空间合作层次和开拓合作范围，显示我国的实力和水平，提高我国在国际空间物理界的地位和作用，这对打破国际上单极垄断的局面，具有重要战略性意义。

地球周围的空间

地球确实就在等离子体的“海洋里”，每时每刻都经受着平均风速高达400千米/秒的太阳风等离子体的吹袭。即使你没有听到风吼，也感觉不到房屋和大地的摇动，但这狂风确实强烈地影响了地球。在地球的两极区，会突然有极光从天空上垂挂下来；地磁场发生了强烈的扰动——磁暴；无线电通信突然中断；卫星上的仪器莫名其妙地损坏了；地面上长程输电线路感应了新的电流……这些现象都与地球外空发生的某些物理过程有关。

如何构成

紧靠地球表面的是大气层。它保护了人类，使我们不受太阳和行星际有害辐射的影响。从地面向上，大气越来越稀薄，但仍保持着中性，它的成分和地面的大气没有本质差别。我们将离地面85千米以上的大气称为中高层大气。

在五六十千米以上，太阳的紫外辐射和X射线使空气电离，电离成分越来越大，形成了电离层。

电离层可以使通过它的无线电波发生折射、反射、散射并且被吸收。它们是现代无线电通信的基础。

地球还是一个具有内在磁场的星球。这个磁场也是保护人类的一道屏障。它把太阳发出来的粒子流（即太阳风）挡在离地球6万千米以外的地方，使地球不会像月亮那样一片荒芜。太阳风是高导电的流体，到达地球附近受到地球磁场的排斥，形成包围地球的空腔，即“地球磁层”。地球磁层是大多数应用卫星运行的区域。磁层里并不是空的，里面充满了各种温度的等离子体和各种能量的带电粒子。

太阳表面发生的剧烈活动（耀斑、日冕物质抛射事件等等），会使通常比较稳定的行星际太阳风发生剧烈变化，并影响地球磁层，特别是将能量聚集到磁尾，然后通过磁暴和磁层亚暴将能量释放出来。磁暴和磁层亚暴主要通过粒子沉降、场向电流和对流电场，向地球两极地区输送能量产生极光，并引起电离层、热层扰动，形成电离层暴和热层暴，影响中性大气和电离层全球结构变化。在磁暴期间，赤道环电流增强，在地面形成强烈的地磁扰动。有时磁暴期间还会形成辐射带相对论性电子增强，它是和太阳活动密切相关的。

空间天气预报

众所周知，飞机的航行总是相当依赖当地地面的天气情况，如果遇到大雾、狂风、暴雨等恶劣气候，就会随之调整飞行计划，从而确保飞行万无一失，所以飞机起飞和降落总离不开专业的天气预报。

那你可否知道，航天器的飞行也同样离不开专业的天气预报。航天飞船的发射是一项高危险，需要高精密度的事件，除了近地面天气预报外，航天器还需要专业的空间天气预报。从“神舟一号”到“神舟九号”，专业天气预报一直为航天飞船的发射保驾护航，确保每次的发射成功。最值得一提的是，在“神舟一号”发射的时候，就因狮子座流星雨可能导致空间环境发生变化，所以将发射时间推迟了几天；“神舟五号”发射正好赶在太阳最剧烈活动之前，如果错过了这个安全发射窗口，赶上太阳活动爆发时发射，后果将不堪设想。

地球的周围并非像我们看到的那样空空如也。通常情况下，我们在厚厚的大气层保护之下，并没有最直接地感觉到这些磁场或者辐射的作用，因而飞机的航行只需要考虑中低层大气变化带来的风雨雷电等自然现象——这就是我们所熟悉的天气现象。但是如果在那些大气稀薄而不能提供有力保护的高层大气、电离层等太空区域，或者当地球磁场受到太阳粒子的影响而发生大的扰动的时候，就会出现磁暴、极光等空间天气现象。

和天气预报相同的是，空间天气预报也是基于我们对空间环境的不断监测，从而对其增加了解和认识，掌握一定的变化规律，然后通过对已获得的数据进行分析，给出空间环境的未来变化趋势的预测。

和天气预报不同的是，空间天气是更加精密的天气变化，又被称为空间环境。它是指围绕地球受地球磁场、引力场和电磁辐射等条件所控制的空间范围内的环境。该环境主要涉及：重力场（即地球引力场），中高层大气，由电离层、等离子体层、磁层及各边界层构成的空间等离子体和波，高能粒子（由辐射带和宇宙线构成），来自太阳的电磁辐射、地气热辐射，来自宇宙空间的流星体及人类航天活动产生的空间碎片。而在这些因素里面，对空间天气影响最大的则是太阳。太阳作为距离地球最近的恒星，就像一个不断喷发的原子弹，把各种物质、高能粒子，以及磁场等源源不断地抛射出来，它们不断冲击着地球的磁场和电离层，从而对地球周围的空间天气产生了巨大的影响。因而，监测太阳黑子、冕洞、日珥、耀斑等太阳活动现象则是空间天气预报中至关重要的内容，空间天气预报还将据此进一步为服务对象提供更详细的预警信息和行为指导。

"双星计划"将能为空间天气预报提供更加精确的数据，以便更好地发布预警信息服务于发射航天器。空间天气预报的具体作用体现在以下几个方面：

对太空中高能辐射的预防

假如把太阳比喻成一个原子弹，那么在它周边所有的行星也好，物体也好，每时每刻都会遭到高能粒子放射性的辐射。当然，我们的飞船船舱和航天员的宇航服是有抗辐射能力的，但是太阳活动活跃的时候，高能辐射要比不活跃时高好几个数量级。因此选择太阳活动较弱的情况下发射航天器对航天员，特别是对进行太空行走的航天员是最好的保护。2004年，美国国际空间站的航天员在一次准备出舱作业时，得知太阳活动频繁，就取消了计划。此外，较小的高能辐射对于飞船等设备也是一种有效的保护。

防止航天器因地磁场出现大变化而产生姿态变化

太阳喷出的粒子流形成一种像风的流体，被称为"太阳风"。太阳风把地球磁场吹成像一滴水一样，水滴冲着太阳，尾巴很长——这就是地球磁场形状。通常情况下，地球磁场在太阳磁场和其他太阳能量作用下，保持着相对平静的状态。但是太阳如果爆发，地球磁场会被干扰而紊乱，这时候地球磁场就会发生大的变化。航天器在这样变化的磁场中，其姿态也会受到影响，导致运动方向、角度姿态等问题出现。所以选择太阳比较平静，地磁场变化较小的时候进行飞船发射是相当必要的。

减少航天器遭受的大气阻力

通常大家认为太空是真空的，其实只有到达一定高度以上才能称为真空。大气一直延伸到几百千米以上，高度越高，密度越低。而实际上在六七百千米以下的高度，大气对于航天器都是有影响的。“神舟七号”的飞行高度是314千米，在这样的高度下，大气是会产生一定阻力的。由于阻力作用，轨道每天都会下降几米到几十米，所以在设计中飞船每过一段时间都必须进行维护。而一次大的太阳活动会使大气密度聚集上升几个数量级，这样飞船受到的阻力也有几个数量级的增加，这就导致飞船轨道下降速度加快，而原本设计的每天维护的高度不能满足这个变化。美国的国际空间站，有一次遭遇这种空间变化以后，每天下降300米，以至于不得不专门发射一个飞船上去补充飞船燃料。

防止通信受到磁暴等情况的影响

飞船要上传、下传数据，执行软件程序，包括航天员与地面的联系，都离不开通信。磁暴、电离层暴等都会影响电磁波的波动和传播方向，从而导致通信不畅或中断。因此一个稳定的传播介质是通信正常的重要保障。

中国宽带移动通信飞跃式发展

宽带无线移动通信技术

2G时代，核心技术是国外的，中国是“看台”上的“学生”。3G时代，中国取得“参赛权”，TD－SCDMA成为第三代移动通信国际标准之一，但终端产品多样性、产业链成熟度尚落后于人。不久前，中国主导的TD－LTE增强型成为4G国际两大主流标准之一，这意味着中国在崭新的4G时代，有望领跑世界。

世界范围从无到有

世界范围移动通信的发展进程，回顾起来可分为四个阶段。

第一阶段：20世纪20年代至40年代初，移动通信有了初步的发展，不过当时的移动通信使用范围小得可怜，主要使用对象是船舶、飞机、汽车等专用移动通信以及运用在军事通信中，使用频段主要是短波段（比如现在的收音机用的频段），限于当时的技术限制，移动通信的设备也只是采用电子管，不仅又大又笨重，而且效果还很差。当时也只能采用人工交换和人工切换频率的控制和接续方式，接通时间和接通效率都与今天的移动通信差太多。不过当时的工程师们都看到了移动通信的潜力，将大量的人力物力投入在移动通信的发展上。

第二阶段：20世纪40年代中至60年代末，移动通信有了进一步的发展，在频段的使用上，放弃了原来的短波段，主要使用VHF（甚高频）频段的150兆赫兹，到了后期又发展到400兆赫兹频段。同时60年代晶体管的出现，使移动台向小型化方面大大前进了一步，效果也比以前有了明显的好转。由于移动通信的便捷性，在美国、日本、英国、西德等国家开始应用汽车公用无线电话（MTS或IMTS），与此同时，专用移动无线电话系统大量涌现，广泛用于公安、消防、出租汽车、新闻、调度等方面。同时此阶段的交换系统已由人工发展为用户直接拨号的专用自动交换系统。接通效率也有了很大改善。这时，移动通信逐步走进了公众的日常生活，人们已经看到了未来个人移动通信的曙光。这时的移动通信，开始快速地向小型化、便捷化以及个人化发展。

第三阶段：70年代至80年代，集成电路技术、微型计算机和微处理器的快速发展，以及由美国贝尔实验室推出的蜂窝系统的概念和其理论在实际中的应用，使得美国、日本等国家纷纷研制出陆地移动电话系统。可以说，这时的移动通信系统真正地进入了个人领域：具有代表性的有美国的AMPS系统，英国的TACS系统，北欧（丹麦、挪威、瑞典、芬兰）的NMT系统、日本的NAMTS系统等，这些系统均先后投入商用。这个时期系统的主要技术是模拟调频、频分多址，以模拟方式工作，使用频段为800/900兆赫兹（早期曾使用450MHz），故称之为蜂窝式模拟移动通信系统，或为第一代移动通信系统。

这一阶段是移动通信系统不断完善的过程。系统的耗电、重量、体积大大缩小，服务多样化，系统大容量化，信息传输实时化，控制与交换更加自动化、程控化、智能化，其服务质量已达到很高的水平。世界上第一个蜂窝系统是由日本的电话和电信公司（NTT）于1979年实现。进入80年代，可以说移动通信已经达到了成熟阶段。

与此同时，许多无线系统已经在全世界范围内发展起来。寻呼系统和无绳电话系统在扩大服务范围。许多相应的标准应运而生。

第四阶段：20世纪90年代至今，随着数字技术的发展，通信、信息领域中的很多方面都面临向数字化、综合化、宽带化方向发展的问题。第二代移动通信系统是以数字传输、时分多址或码分多址为主体技术，它包括的数字蜂窝系统有欧洲的GSM、美国的DAMPS、日本的JDC系统及美国的IS-95系统等。

进入90年代中期，世界各移动通信设备制造商和运营商已从对第三代移动通信系统的概念认同阶段进入到具体的设计、规划和实施阶段。在开发第三代系统的进程中形成了北美、欧洲和日本三大区域性集团。它们又分别推出了W-CDMA、TD/CDMA和宽带CDMA One的技术方案。为实现第三代移动通信系统（IMT-2000）全球覆盖与全球漫游，三种技术方案之间正在相互做出某些折中，以期相互融会。

中国抢占新的制高点

我国已经全面启动“新一代宽带无线移动通信网”重大专项。该专项以宽带移动通信为主，以宽带无线接入为辅，以短距离和无线传感器网络为补充，将帮助我国着力抢占下一代宽带无线移动通信的国际制高点。

国家“新一代宽带无线移动通信网”重大专项，是我国面向2020年的长期规划，由三部分组成。一是宽带移动通信，主要是蜂窝移动通信系统的后续演进，包括通常所说的HSPA（高速分组接入）技术、LTE（长期演进）技术、4G技术等；二是宽带无线接入，其中面向行业应用的宽带多媒体集群是其主要方向；三是短距离和无线传感器网络。

据移动通信专家介绍，宽带无线接入专项应从行业应用入手，而宽带集群是最具代表性的行业应用。专家指出，宽带无线接入有三大应用领域：一是公众应用，二是行业应用，三是在国防领域的应用。在重大专项里，中国的宽带无线接入的主要发展方向应该聚焦到行业应用上。中国是一个大国，行业信息化空间巨大，比如指挥调度、应急救灾、公共安全、城市政府网、校园网、企业网等。目前行业专网的宽带化需求也日益提高。我国的公众移动通信系统虽然近些年发展得非常好，也深入到行业应用之中，但是很多行业应用需求是公众移动通信系统难以满足的。比如如何提高指挥控制能力、实时系统响应能力、高度安全防护能力、灵活机动的重组能力、按需资源共享能力、多种专业应用能力等等。因此我国的宽带无线接入项目主要定位在发展行业应用上。

同时，目前重大专项宽带无线接入总体组重点支持三大技术方向：一是中国普天的TD-LTE技术体制，其性能相当于移动通信的4G；二是大唐信威的MCWILL技术体制，其性能相当于移动通信的3G；三是中科院上海微系统所面向复杂环境的宽带无线接入体制，重点应用于多媒体应急指挥通信领域。

4G已然“逼近”

2011年3月上旬，中国移动通信集团公司（简称中国移动）宣布即将启动TD-LTE试验终端采购工作，并在当年下半年推出TD-LTE上网卡，上网峰值速度将达每秒上百兆；同时在上海、杭州、南京、广州、深圳、厦门、北京7个城市建设TD-LTE规模试验网。

“新一代宽带无线移动通信网”重大专项重点支持的TD-LTE是TD-SCDMA的后续演进技术。它在系统带宽、网络时延、移动性及系统能力上相对3G有跨越式提高。

中国移动董事长王建宙表示，为了完成“新一代宽带无线移动通信网”这一重大专项，中国移动已经与9家国际运营商签署TD-LTE合作协议，并在全球推动建成27个TD-LTE试验网。这将加速中国主导的TD-LTE走出国门，形成国际化产业链。

移动互联网迅速发展带来的数据流量爆炸性增长，产生了对宽带无线网络的巨大需求。这给我国主导的TD-LTE技术带来了“弯道赶超”的机会。

4G时代，上网峰值速度将达到每秒上百兆，是目前3G上网速度的20倍以上，并能实时同步高清传送视屏画面，还能支撑高清视频播放，一台电脑可以打开4个窗口同时播放4部高清大片。

中国主导TD-LTE技术将是未来全球移动通信网络4G化主要技术之一，中国将在新一轮通信技术革命中占领先机。

不过，“新一代宽带无线移动通信网”重大专项专职技术责任人、中国工程院院士邬贺铨表示，TD-LTE对芯片要求更高，这方面的技术还需要实验。TD-LTE能否真正将海外运营商拉入阵营之中，还需要看国内试商用的效果。中国移动在深圳正在加快4G扩大试验网的建设进程，为此将新建3000个4G通信站点，总投资近12亿元。目前，深圳福田、罗湖等城市核心片区已经实现4G网络覆盖。

邬贺铨还表示，终端的产业化提速十分重要，需要国家对整个产业链的支撑，需要设备制造业、芯片等的发展应用。全行业应加强协作，推进TD-LTE科技成果产业化，实现产业集聚发展。在重大专项扶持下，“十二五”期间TD-LTE产业化将进一步完善，尤其是在终端和芯片环节。4G提供高端数据服务，是对3G的有效补充。未来我国将形成2G、3G和4G并存的局面，而不是简单的升级替换。

移动通信特点

我们需要澄清一下，无线通信与移动通信虽然都是靠无线电波进行通信的，但却是两个概念。首先移动通信肯定是无线通信，无线通信有包含移动通信的意味。但无线通信侧重于无线，移动通信更注重于其移动性。比如我们一个在北京，一个在广州，我们之间通过无线电波进行通信，这就是无线通信，如果我们更强调我们通信中的移动性，就是移动通信。正是因为如此，移动通信对无线电波频率的选择更加谨慎，要求更高，也正因为这样，在移动通信的发展过程中，频率选择做了几次变动。现在我们国家采用的第二代移动通信（GSM）技术，频率为900兆赫兹和1800兆赫兹。

无线电波传播复杂

移动通信中至少有一方处于移动状态下通信，我们不可能再用一条电话线和他们相连了，所以必须使用无线信道——靠无线电波传送信息。同时在前面提到，移动通信使用一定频率的电波进行通信，而且随着无线通信的发展，频率的使用也越来越优化，现在移动通信的频率范围在甚高频（VHF）、超高频（UHF）的范围，它的传播方式受地形地物影响很大。

移动通信系统多建于大中城市的市区，城市中的高楼林立、高低不平、疏密不同、形状各异，这些都使移动通信传播路径进一步复杂化，并导致其传输特性变化十分剧烈。据以上原因，使移动台接收到的电波一般是直射波和随时变化的绕射波、反射波、散射波的叠加，这样就造成所接收信号的电场强度起伏不定，这种现象称为衰落。衰落又分两种：长期衰落和短期衰落。

同时由于移动台的不断运动，当达到一定速度时，如超音速飞机，固定点接收到的载波频率将随运动速度的不同，产生不同的频移，也就是说频率发生了变化，发生了偏移，通常把这种现象称为多普勒效应。

另外，移动台长期处于不固定位置状态，外界的影响很难预料，如尘土、震动、碰撞、日晒雨淋，这就要求移动台具有很强的适应能力。此外，还要求性能稳定可靠，携带方便、小型、低功耗及能耐高、低温等。同时，要尽量使用户操作方便，以满足不同人群的使用。这给移动台的设计和制造带来很大困难。由于移动台在通信区域内随时运动，需要随机选用无线信道，进行频率和功率控制、地址登记等跟踪技术。这就使其通信比固定网要复杂得多。在入网和计费方式上也有特殊的要求，所以移动通信系统是比较复杂的。

因而在移动通信中，要考虑的因素很多，也就使移动通信就比一般的通信方式复杂多了。

干扰电波常捣乱

在移动通信中，空间传播的电磁波除有用信号外，还存在大量的干扰电波。主要的干扰被我们称为互调干扰、邻道干扰及同频干扰等。

那么什么叫做互调干扰呢？专业点说互调干扰主要是系统设备中的非线性引起的，如混频选择不好，使非有用信号混入，而造成干扰。说得通俗一点，互调干扰就是设备技术上的一些问题，我们常常做不到十分理想的设备，所以一些其他的没有用的信号也就混进去了。收音机里偶尔的串台，也是这个原因。

邻道干扰是指两个相邻的信道之间的干扰，是由于一个强信号串入弱信号中干扰弱信号而造成的干扰。通俗地说，比如两个车道，你在左边，我在右边，大家的路一样宽，可是你的车太大就影响了我的车道……为解决这个问题，在移动通信设备中采用自动功率控制电路，对强功率信号加以控制，按车道的理论就是限制你车子的大小，大家就相安无事了。

同频干扰是指相同载频电台之间的干扰，是蜂窝式移动通信所特有的干扰，由频道重复利用所造成。为什么会这样呢？因为频率资源是一定的，来来去去就那几个频段，大家都要。只好分区间来用了，这个区用这个频段，那个区用那个频段，隔几个区后，难免又用回来了，这时就要考虑干扰的问题了，因为大家用的都是同一个频率。因此，无论在系统设计中，还是在组网时，都必须对干扰问题予以充分的考虑。

移动通信中的“行话”

移动台

移动台是移动的终端，它是接收无线信号的接收机，在移动通信中，它以各种不同的形式出现，包括手机、呼机、无绳电话等等，当然他们的工作原理是不相同的，但是由于他们都在移动通信中扮演着移动的角色，具有移动性，接收的是无线信号，所以我们把它们统称为移动台。

基站

基站在移动通信中是必不可少的，它是与移动台联系的第一个固定收发机，移动台脱离了基站自然就无法工作，因为是基站接收移动台的信号与交换局相连，从而完成移动台的收发工作。基站与移动台之间的联系靠天线收发无线电波。

正因为基站的重要性，所以我们在建立移动通信网的时候要慎重地考虑基站的分布，以满足移动台的需要。基站分布确定以后，就覆盖了一定用户的活动区域，在地图上呈现一个网状结构，所以我们也把基站位置的规划称为组网。

信道

信道是对无线通信中发送端和接收端之间的通路的一种形象比喻，对于无线电波而言，它从发送端传送到接收端，其间并没有一个有形的连接，它的传播路径也有可能不只一条，但是为了形象地描述发送端与接收端之间的工作，我们想象两者之间有一个看不见的道路衔接，把这条衔接通路称为信道。信道有一定的频率带宽，正如公路有一定的宽度一样。

漫游

移动台的漫游也称出游，它的意义是移动台脱离了本管区的范围，而移动到其他管区中去了，当其他用户呼叫这个漫游的移动台的时候，仍拨它原来的局号和电话号码。显然，如蜂窝系统无漫游功能，将无法和这一脱离原管区的移动台接通。而具有漫游功能的系统，则可将此电话接到此已脱离本管区漫游到其他管区的移动台去。这一功能对于一个在较大范围的地区，全省，全国或更大的地区（例如北欧四国的跨国或全欧洲）活动的用户确实是非常重要的。

切换

过区切换是指当移动台在通话中经过两个基站覆盖区的相邻边界的时候所采用的信道切换过程。由于相邻两个小区的信道不一样，移动台通话的前半段时间在一个基站的某一个无线信道上传输，而后半段时间已经进入到另一个基站的覆盖范围，须切换到另一个基站所指配的信道上去，这种信道的切换必须不影响通话进行，时间要求短，须在100毫秒以下，完全自动切换，通话人完全不觉察。由于蜂窝技术的广泛采用，所以切换技术在蜂窝移动通信中占有重要地位。

切换是由漫游而起，漫游通过切换技术得以解决。在漫游的过程中，当通话经过小区边界时，无线信道要切换，其过程如下：移动台位置不仅由为之服务的基站台收集，而且也由周围的基站台收集，并判断当前是否需要进行信道切换，从而进行新信道的准备工作。当移动控制中心判断要进行信道切换，就发送指令给移动台当前基站和即将到的小区所属基站，由手机配合基站完成切换工作。

“蜂窝”接触和展望

蜂窝式公用陆地移动通信系统适用于全自动拨号、全双工工作、大容量公用移动陆地网组网，可与公用电话网中任何一级交换中心相连接，实现移动用户与本地电话网用户、长途电话网用户及国际电话网用户的通话接续。

这种系统具有越区切换、自动或人工漫游、计费及业务量统计等功能。我们知道，它的所有这些功能都是通过“蜂窝”实现的。

蜂窝移动通信系统

蜂窝移动通信系统由移动业务交换中心（MSC）、基站（BS）设备及移动台（MS）（用户设备）以及交换中心至基站的传输线组成。目前在我国运行的900兆赫兹第一代移动通信系统（TACS）模拟系统和第二代移动通信系统（GSM）数字系统都属于这一类。

也就是说移动台的移动交换中心与公共的电话交换网之间相连，移动交换中心负责连接基站之间的通信，通话过程中，移动台（比如手机）与所属基站建立联系，由基站再与移动交换中心连接，最后接入到公共电话网。

基站与移动台（常常是手机）之间是无线通信，他们之间用无线电波进行信息传递，每个基站负责与一个特定区域的所有的移动台进行通信。基站和移动交换中心之间通过微波或有线交换信息进行彼此联系。最后移动交换中心再与公共电话网进行连接。如果仅仅是两个基站所属的移动台进行通信，信息只需要在移动交换中心就可以完成之间的通话。如果需要和其他的用户通话，则由移动交换中心与公共电话网连接，再与其他用户完成通话。

下面解释一下全双工、单工和半双工：所谓全双工工作就是通信双方可以同时进行收发工作。就是说，通信的双方都可以在同一时间又说又听，互不干扰，就叫全双工；若某一时间通信的双方只能进行一种工作，即在一个时间里要么说，要么听，只可选择一样，则称为单工工作；若一方可同时进行收发工作，而另一方只能单工工作，则称为半双工工作。

蜂窝之名何来

其实，在众多的移动通信系统中，我们最常说的就是蜂窝移动通信系统，它在我们国家应用最广，用户最多，也最为大家所关心。

前面说了，蜂窝式移动通信会带来同频干扰，那为什么还要采用蜂窝式移动通信呢？原因还是在于频率资源上：频率作为一种资源必须合理安排和分配。由于适于移动通信的频段仅限于VHF（甚高频）、UHF（超高频），所以可用的通道容量是极其有限的。为满足用户需求量的增加，只能在有限的已有频段中采取有效利用频率的措施，如窄带化（就是每个用户占用的频率带宽较小）、缩小频带间隔（就是缩小用户频带之间的保护间隔）、频道重复利用等方法来解决。

目前常使用频道重复利用的方法来扩容，也就是划分蜂窝的方法来增加用户容量。

就是说在使用区域划出一块块的小区域，每一个小区分配一些频率资源，隔几个小区后，又把相同的频率划给另一个小区，这时候它们之间的干扰比较小，在可以忍受的程度范围内，但每个城市要做出长期增容的规划，以利于今后发展需要。

在理论上设计中，发现用正六角形的图形来模拟实际中的小区要比用圆形、正方形等其他图形效果更好，衔接也更紧密，所以现在的划分小区都采用了这种方法，看上去就像是蜂窝，我们也因此称这种模式为“蜂窝式移动通信”。

展望“蜂窝”的未来

未来世界是个人通信的世界，虽然“个人通信”至今尚无统一的标准，但多数人认为是指一个人在任何地方、任何时间均能与任何地方的人进行通信的一种服务。这被称为一种全时空通信的服务。这种通信可认为是通信的理想，它将随着新移动时代的来临而实现。

未来的移动终端可以做得小而又耗电低，这样个人携带就很方便。价格也会降低，这样就可能普及，人人都可以有一个随身携带的移动终端，移动终端和个人始终在一起，则终端的移动性和个人的移动性相一致。这种情况下的个人号码就是移动终端的号码。

价格低是指人们承受得起（还包括运转时的收费率），因为个人通信是和普及率相联系的。如果价格很高，只有少数人才买得起，那么也不能达到与任何地点的任何人通信的目的。未来的通信一定要是多数人的通信。

其他的改善还有：容量会大幅度提高，可靠性也得到加强，服务业务更多也更好。

下面是一些人对未来移动通信的构思：

你只需要带一张芯片，这张芯片是你个人独有的，记录着你个人的信息，然后你带上一台移动终端，就可以到世界各地旅游，当你需要和别人通信时，你只需要把你的识别芯片放进任何一台移动终端，这台移动终端可以是你的，也可以是公用的，你就可以进行通话或者其他联系，别人想找你的时候，他就可以随时随地通过网络找到你的识别芯片从而找到你。比如你在美国某个路边加油站，你只要把你的芯片插入路边的一个公用电话，你就可以和任何人通话了。随时随地的个人化通信，是我们未来移动通信发展的目标！

中国特高压工程

特高压支撑能源可持续发展

华东长江三角洲（简称长三角）地区是我国经济最具活力的地区之一，用电需求大，但能源匮乏。快速发展的华东经济需要更多稳定可靠的“动力”。在华东“长三角”地区，淡季缺电的影响早在2011年初就已显现，进入夏季以后，随着用电负荷升高等因素的叠加，局部地区缺电进一步加深。以上海为例，根据较早时期的上海市能源发展规划，初步预计上海电网2020年所需装机容量约3600万千瓦，即使考虑受入三峡、金沙江等水电后，上海电网2020年电力缺口仍可能达1300万千瓦。怎样才能填补这一缺口？

不断攀升的用能需求

2011年10月19日，总投资400亿元的“皖电东送”1000千伏淮南-浙北-上海特高压交流输电工程建设动员大会在北京召开。这是我国特高压交流输电工程，属世界级重大创新项目，意义重大，将拉开我国“第十二个五年计划（简称十二五）”特高压电网大规模建设的序幕。

分析人士预测，到2020年，华东四省一市GDP将达到163850亿元，占全国总量的39%。同时，随着“十二五”期间一系列规划目标的实施，华东地区将迎来新一轮的经济腾飞。但如果没有充足、稳定、可靠的能源保障，这一地区的发展将受到制约。因此，可靠的能源供应成为华东地区最为迫切的需求之一。

面对不断攀升的用能需求，如何争取到更多的电，是“长三角”地区一直在探索的问题。

由于经济发展迅速，“长三角”地区历史上为应对严重的缺电局面，发展了一大批燃煤发电机组，虽然解了“近渴”，却加剧了环保等压力。

事实上，受资源、环保、土地等条件的制约，“长三角”部分省市还是典型的电力受入地区，区域内电源建设的余地并不大，从历史经验来看，也很难从根本上解决缺电的问题。

专家称，如果继续在“长三角”建电厂，煤炭运输压力很大，环境容量也已经到了极限。要想进一步发展，必须依靠特高压技术输入电力。特高压电网具有大容量远距离输送电力的优势，适合“长三角”长远发展需要。目前来看，通道建设尤为重要。“皖电东送”特高压工程获得国家核准开建，标志着我国特高压建设步伐加快，对于华东地区来说，更意味着能源、经济、环保等多方共赢。

安徽能源优势

2011年10月27日，国家发改委消息称，该年前三季度，安徽累计生产原煤1.01亿吨，同比增长4.42%。在华东，“长三角”地区无油、少气、缺煤，而安徽省的煤炭资源总量约占华东地区的一半。预计到2020年，安徽淮南煤田将成为华东地区最大的动力煤供应基地。由于煤炭资源充足，区位优势突出，安徽省煤炭资源在满足全省国民经济和社会发展的需求之外，具有足以保证建设大型坑口发电基地的能力，无疑是面向上海、浙江、江苏的重要电力供应基地。因此，在当年10月13日获得审议通过的《安徽省“十二五”能源发展规划》中，明确了要“全面加强电网建设”，开工建设“皖电东送”特高压工程。

根据中国电力工程顾问集团公司专家介绍，实施“皖电东送”，将打开安徽大型煤电基地电力外送的重要通道，有助于加大两淮煤炭资源开发力度，缓解“长三角”地区一次能源供应的紧张状况，实现资源优势互补。“皖电东送”将安徽省内的煤炭资源就地转化为电能，输送到“长三角”地区，变长距离输送煤炭为输送损耗低的电能，不仅将达到资源的合理配置，而且将对优化安徽省的电力结构、提高安徽电网技术装备水平起到积极的作用。

预计到2015年年底，安徽地区特高压交、直流线路将达到3959千米，届时，华北—华中—华东特高压同步电网初步形成。“皖电东送”的输电能力将大幅提升，满足扩大外送规模的迫切需要。安徽也将因此逐步实现由电力输出省向电力枢纽省的转变，成为华东能源基地。

看看下面这些数据：“皖电东送”特高压工程可节省走廊宽度130米，大大节省用地，充分利用华东地区走廊和跨江点等稀缺资源；特高压线路功率损耗是500千伏线路的十六分之一，根据现有潮流计算，每年可减少4.26亿千瓦时的损耗，等同于减少排放二氧化碳33.2万吨、二氧化硫89.5吨，节能减排效果显著；变输煤为输电，这一工程每年可向“长三角”经济发达地区少运输煤炭约1470万吨，减少21万节车皮的运输压力……

这些数据显示，“皖电东送”是有效促进节能减排，实现低碳经济发展的重要途径。专家还表示，包括“皖电东送”特高压工程在内的华东特高压环网形成后，将成为大规模接受区外水电、煤电的网络平台，既能满足“十二五”期间皖电东送的需要，还能满足今后华东负荷中心大规模接受区外清洁能源的需要。

打造特高压输电网

中国对特高压输电技术的研究始于20世纪80年代，经过20多年的努力，取得了一批重要科研成果。研究表明，发展特高压输电是中国电力工业发展的必然选择。目前，国家电网已经建成和在建的特高压交流输变电工程有：陕北—晋东南—南阳—荆门—武汉的中线工程，淮南—皖南—浙北—上海的东线工程。另外，中国第三条特高压输电工程——四川—上海±800千伏特高压直流输电示范工程，也于2007年12月21日在四川省宜宾县动工修建。到以特高压交流试验示范工程为起点，国家电网公司正“整体、快速”推进特高压电网建设。计划在2020年前后，基本形成覆盖华北、华中、华东地区的特高压电网，实现“西电东送，南北互供”，那时输送电量将达到2亿千瓦时以上，占全国装机总容量的25%。

世界首条投运特高压输电工程

2009年1月6日，我国自主研发、设计和建设的具有自主知识产权的1000千伏交流输变电工程——晋东南—南阳—荆门特高压交流试验示范工程顺利通过试运行。该工程全长约640千米，工程动态投资57.36亿元，其中设备投资约占一半，设备国产化率达到90%。这标志着我国在远距离、大容量、低损耗的特高压（UHV）核心技术和设备国产化上取得重大突破，对优化能源资源配置，保障国家能源安全和电力可靠供应具有重要意义。

这条世界上首次投入运营的特高压交流线路电压等级是世界最高的，达到1000千伏，输送的电能是现有的500千伏的5倍，输送过程的电能损耗和占地面积都可以节省一半以上，整个工程的投资比500千伏的线路节省三分之一。纵跨山西（晋）、河南（豫）、湖北（鄂）三省，其中还包含黄河和汉江两个大跨越段。线路起自山西1000千伏晋东南变电站，经河南1000千伏南阳开关站，止于湖北1000千伏荆门变电站。

工程于2006年8月取得国家发展和改革委员会下达的项目核准批复文件，同年底开工建设，2008年12月全面竣工，12月30日完成系统调试投入试运行，2009年1月6日22时完成168小时试运行投入商业运行。

111天完成高难度长江大跨越工程

2011年，国家电网公司特高压交流工程建设取得重要进展。特高压交流试验示范工程扩建工程建成投运，“皖电东送”特高压交流工程获得核准并开工。

长江大跨越工程是整个“皖电东送”工程的关键性工程，包含2基277.5米高的跨越塔、4基74米高的锚塔，单基跨越塔重2650吨。针对跨越塔的特点及难点，国家电网公司进行了整体策划安排。组织安徽送变电工程公司施工项目部编制了施工方案，经过施工、监理项目部和交流公司的逐级审查，优选确定了更合理、更具操作性的坐落井筒式双摇臂可旋转变幅抱杆组立方案。为实现对铁塔组立施工过程的有效监控，国家电网交流建设分公司组织技术攻关，优化完善了杆塔组立智能监控系统，实现了现场控制、指挥、调度的一体化。

自2011年12月13日开工建设以来，工程建设按里程碑计划正点运行。2012年5月16日完成基础工程，6月全部基础通过了质监验收。7月10日，长江大跨越南岸跨越塔开始组塔，至10月29日，历时111天圆满完成了长江大跨越南岸跨越塔主体结构安装。

川电出川梦想成真

随着国家电网公司溪洛渡左岸—浙江金华±800千伏特高压直流输电工程开工建设，标志着继向家坝—上海±800千伏特高压直流输电示范工程实现安全稳定运行两周年、锦屏—苏南±800千伏特高压直流输电示范工程开工建设后，源起四川的第3条特高压直流输电工程进入全速建设阶段。

四川水电资源丰富，水力资源理论蕴藏量达1.43亿千瓦，技术可开发量1.2亿千瓦，均占全国1/4以上。全省大小河流1300余条，被称为“千河之省”。水电资源在1万千瓦以上河流约850条，主要集中在大渡河、金沙江、雅砻江上，全国规划的13个大型水电基地有3个在四川。

因而，早在20世纪80年代初期，川电出川就纳入了国家“西电东送”的宏伟战略构想。这个梦想在经历了20年的艰辛历程后，终于在2002年5月有了突破：四川电网与华中、华东电网联网运行，四川水电进入跨区、跨省优化资源配置的新阶段。然而，更大的突破在2007年12月，向家坝—上海±800千伏特高压直流输电示范工程在四川宜宾正式开工建设，自此，四川电网步入了特高压时代。

但由于四川水电大多处于西部高山峻岭之中，海拔高，地形地势险要，森林覆盖面大，线路走廊问题成为水电开发和外送的制约因素。而具有长距离、大容量、低损耗输送电力等优点的特高压则能有效地克服这些困难。

于是，“十二五”规划期间，四川电网将基本建成以特高压电网为骨干网架，各级电网协调发展，安全可靠、经济高效、清洁环保的坚强智能电网；全力打造特高压和跨区跨省输电大通道，形成“两交三直”（两交流，三直流）特高压线路与全国联网格局，建成“东接三华（华中、华东、华北）、西纳新藏（新疆、西藏）、北联西北”的电力交换大枢纽。

特高压工程和跨区联网工程的投运，将在更大范围内实现丰枯互济、水火互补的大规模资源优化配置，彻底解决四川丰水期有电送不出，枯水期缺电购不回的突出矛盾。采用特高压输电，不仅使四川水电得以外送，变资源优势为经济优势，同时，四川作为在全国能源体系中重要的大能源基地的作用也将得以凸显。

解析特高压输电

在输电效率一定的情况下，输电功率越大，损耗肯定越大，所以在输送相同功率的情况下，为了减小损耗，提高输电效率的方法之一就是提高输电线路上的电压，这就是说，输送同样的功率，电压越高，损耗越小。按自然传输功率计算，1条特高压线路的传输功率相当于4~5条500千伏超高压线路的传输功率（约4000~5000MVA），这将节约宝贵的输电走廊（架空输电线路的路径所占用的土地面积和空间区域）和大大提升中国电力工业可持续发展的能力。

特高压输电优势

“特高压电网”，指1000千伏的交流或±800千伏的直流电网。输电电压一般分高压、超高压和特高压。国际上，高压（HV）通常指35~220千伏的电压；超高压（EHV）通常指330~1000千伏的电压；特高压（UHV）指1000千伏及以上的电压。高压直流（HVDC）通常指的是1600千伏及以下的直流输电电压，±600千伏以上的电压称为特高压直流（UHVDC）。

和±600千伏级及600千伏以下超高压直流相比，特高压直流输电的主要技术和经济优势可归纳为以下六个方面：

第一，输送容量大。采用4000安培晶闸管阀（以晶闸管作为主要半导体器件的半导体阀），±800千伏直流特高压输电能力可达到640万千瓦，是±500千伏、300万千瓦高压直流方式的2.1倍，是±600千伏级、380万千瓦高压直流方式的1.7倍，能够充分发挥规模输电优势。

第二，送电距离长。采用±800千伏直流输电技术使得超远距离的送电成为可能，经济输电距离可以达到2500千米甚至更远。

第三，线路损耗低。在导线总截面、输送容量均相同的情况下，±800千伏直流线路的电阻损耗是±500千伏直流线路的39%，是±600千伏级直流线路的60%，提高输电效率，节省运行费用。

第四，工程投资省。根据有关设计部门的计算，对于超长距离、超大容量输电需求，±800千伏直流输电方案的单位输送容量综合造价约为±500千伏直流输电方案的72%，节省工程投资效益显著。

第五，走廊利用率高。±800千伏、640万千瓦直流输电方案的线路走廊为76米，单位走廊宽度输送容量为8.4万千瓦/米，是±500千伏、300万千瓦方案和±620千伏、380万千瓦方案的1.3倍左右，提高输电走廊利用效率，节省宝贵的土地资源；由于单回线路输送容量大，显著节省山谷、江河跨越点的有限资源。

第六，运行方式灵活。国家电网公司特高压直流输电拟采用400+400千伏双十二脉动换流器串联的接线方案，运行方式灵活，系统可靠性大大提高。任何一个换流阀模块发生故障，系统仍能够保证75%额定功率的送出。

特高压交、直流输电比较

与特高压交流输电技术相比，特高压直流输电的主要技术特点为：

1. UHVDC系统中间不落点，可点对点、大功率、远距离直接将电力输送至负荷中心；

2. UHVDC控制方式灵活、快速，可以减少或避免大量过网潮流，按照送、受两端运行方式变化而改变潮流；

3. UHVDC的电压高、输送容量大、线路走廊窄，适合大功率、远距离输电；

4. 出于经济性和安全性因素的考虑，现在越来越多的电网开始逐渐联网。大电网之间的互联已经成为世界各国电网发展的共同经验。各国电网互联后的运行经验显示，对大电网安全运行的最大威胁是运行稳定性的破坏，其中以小干扰稳定问题最为突出。研究表明，在很多情况下，互联电网的功率传输极限更多的是受振荡稳定而不是其他潮流因素的限制，包括区域性低频振荡。在交直流混合输电的情况下，利用直流功率调制可以有效抑制与其并列的交流线路的功率振荡，提高交流系统的动态稳定性。

从技术角度看，采用特高压输电技术是实现提高电网输电能力的主要手段之一，还能够取得减少占用输电走廊、改善电网结构等方面的优势；从经济角度看，根据目前的研究成果，输送10GW水电条件下，与其他输电方式相比，特高压交流输电有竞争力的输电范围能够达到1000~1500千米。如果输送距离较短、输送容量较大，特高压交流的竞争优势更为明显。

由于特高压直流输电输送容量大、电压高的特点，可用于电力系统非同步联网。在我国特高压电网建设中，将以1000千伏交流特高压输电为主形成特高压电网骨干网架，实现各大区电网的同步互联；±800千伏特高压直流输电则主要用于远距离、中间无落点、无电压支撑的大功率输电工程。据国家电网公司提供的数据显示，一回路特高压直流电网可以送600万千瓦电量，相当于现有500千伏直流电网的5~6倍，而且送电距离也是后者的2~3倍，因此效率大大提高。

不过，相对于传统的高压直流输电，特高压直流输电的直流侧电压更高，容量更大，因此当发生直流系统闭锁时，特高压直流输电系统两端的交流系统将承受很大的功率冲击。因而，特高压直流输电系统对换流阀、换流变压器、平波电抗器、直流滤波器和避雷器等换流站设备提出了更高的要求。

直流的“静电吸尘效应”

在直流电压下，空气中的带电微粒会受到恒定方向电场力的作用被吸附到绝缘子表面，这就是直流的“静电吸尘效应”。由于它的作用，在相同环境条件下，直流绝缘子表面积污量可比交流电压下的大一倍以上。随着污秽量的不断增加，绝缘水平随之下降，在一定天气条件下就容易发生绝缘子的污秽闪络（简称污闪）。

因此，直流设备的污闪在直流场事故中占很大比重，是特高压直流输电需要重点解决的难题。随着城市化和工业化的发展，大气污染问题日益严重，特高压直流换流站污秽已达Ⅱ级甚至Ⅲ级水平，按此要求爬电距离需达到70毫米/千伏或更高的要求。在特高压电压下，按标准要求的爬电比距设计，设备已超过现有制造或运行能承受的高度。

由于直流输电线路的这种技术特性，与交流输电线路相比，其外绝缘特性更趋复杂，即其绝缘子片数的确定更为复杂。目前在选择绝缘子片数时主要有两种方法：

1.按照绝缘子人工污秽试验采用绝缘子污耐受法，测量不同盐密下绝缘子的污闪电压，从而确定绝缘子的片数。

2. 按照运行经验采用爬电比距法，一般地区直流线路的爬电比距为交流线路的两倍。

两种方法中，前者直观，但需要大量的试验和检测数据，且试验检测的结果分散性大。后者简便易行，但精确性较差。实际运用中，通常将二者结合进行。

国家电网公司已将此问题作为重点研究项目，在换流站址进行直流场强下的污秽实测，确定合理、客观的直流污秽水平，通过实际尺寸试验等深入研究，确保设备具有安全、合理的外绝缘水平，以保障特高压直流安全稳定运行。

首座超导变电站

电网大功率运行催生超导系统

有专家曾举例说，以我国电网传输损耗约占发电容量的7%计算，如果全部采用超导电力电缆，则可以将电网的传输损耗减少到大约3.5%以下，效益显而易见。同时，我国电力系统的发展趋势是电力系统的容量越来越大，电网向超大规模方向发展。随着电网容量和规模的不断扩大，电力系统的短路容量越来越大，这对电力系统的安全稳定运行构成了很大的威胁。目前，在输电系统中尚无有效的限流设备。从电网的结构和运行方式入手来降低短路电流，其造价非常昂贵。超导电力设备在这方面则具有显著的优势。

开发超导储能系统的优势

我国“西电东送”和全国联网正在进行，大电网的动态稳定性问题日益突出，同时，随着信息技术和微电子技术不断发展，对电能质量和供电可靠性提出了越来越高的要求。常规电力技术缺乏快速电能存取技术，已经严重阻碍我国电力行业的发展。

超导储能系统（SMES）具有反应速度快、功率密度高以及转换效率高的优点。在解决现有电力系统动态稳定性问题、提高电能质量和供电可靠性方面可以发挥不可替代的作用。当前我国用电设备总容量为526450MW（1Mw=1000kw），对供电质量要求最高的是信息技术产业以及相关的制造业，用电设备总容量为5433MW。这些高技术企业分布相对集中，许多企业厂家都设在经济开发区和高新技术园区内，生产设备智能化程度高、功率容量大，并且对电能质量要求高（许多生产线要求供电可靠率高达99.999%）。由于上述负荷相对集中，通过引入MW（兆瓦）级超导储能系统，提高配电系统的供电质量来保障电力用户生产和运行具有重大的应用价值。

超导储能系统由于其存储的是电磁能，这就保证超导储能系统能够非常迅速以大功率形式与电网进行能量交换。另外，超导储能系统的功率规模和储能规模可以做得很大，并具有系统效率高、技术较简单、没有旋转机械部分等优点。对于其他储能技术，无论其如何发展，都不可能消除能量形式转换这一过程，所以无论是现在或将来，超导储能技术将始终在功率密度和响应速度这两方面保持绝对优势。所以，作为电能存取的技术，超导储能技术的应用价值极高，在进行输（配）电系统的瞬态质量管理、提高瞬态电能质量及电网暂态稳定性和紧急电力事故应变等方面具有不可替代的作用，并将为打造新的电力市场机制提供技术基础，具有广阔的应用前景。

由于电力技术的发展，长时间的电力中断事故发生几率很小，而瞬态电力故障（是指两个连续的稳态之间的电压值发生快速的变化，其持续时间很短。电压瞬变按照电压波形的不同分为两类：一是电压瞬时脉冲，是指叠加在稳态电压上的任一单方向变动的电压非工频分量；二是电压瞬时振荡，是指叠加在稳态电压的同时包括两个方向变动的电压非工频分量。电压瞬变可能是由闪电引起的，也可能是由于开关电容器组等操作产生的瞬变），如闪变、电压骤升/骤降以及瞬态断电日渐突出。而瞬态电力故障对于依赖智能设备的许多商业用户和制造企业危害极大。从技术角度讲，治理瞬态电能质量问题的有效手段是利用快速响应的有功功率补偿技术。由于超导储能系统具有功率快速补偿这一独特优势，弥补了常规电力系统中缺乏电能存取的弱点，它对瞬态电能质量所有故障问题都能起到很好的改善作用。

超导是解决问题的新思路

在变电站中，一般指连接交流电源的线圈为“一次线圈”；而跨于此线圈的电压称之为“一次电压”。在二次线圈的感应电压可能大于或小于一次电压，是由一次线圈与二次线圈间的匝数比所决定的。电压高低与绕组匝数成正比，电流则与绕组匝数成反比。因此，变压器区分为升压与降压变压器两种。大部分的变压器均有固定的铁芯，其上绕有一次与二次的线圈。基于铁材的高导磁性，大部分磁通量局限在铁芯里，因此，两组线圈藉此可以获得相当高程度的磁耦合。

正因为常规电力系统的效率受到铜、铝等基本导电材料的限制，要进一步提高难度很大。随着我国电力需求量的增大，网络的总损耗将进一步增大。于是，人们想到利用超导技术来突破这一局限。

此外，常规电气设备占地面积大，而人口密集的大中城市正是负荷中心。随着电能需求不断增长，电网建设占地的需求量也随之增大。城市用地紧张和供电难的矛盾也同样需要超导技术来破解。

目前，全国有多家科研院所在对超导电力技术进行攻坚，取得了可喜的成就，如超导电缆从“第九个五年计划（简称‘九五’计划）”期间开始研究，已研制出多种类型的高温超导电缆。多种类型的超导电力设备都已研制出样机，一些产品进入示范试验运行阶段。

白银超导变电站示范基地

实际上，超导技术的应用不仅仅局限于储能系统。超导电缆、超导限流器等相关装备都已获得一定程度发展。总体而言，超导电力设备能最大限度地减少损耗，达到电能高效利用。2011年4月，我国首座能大幅提高电网供电可靠性和安全性的超导变电站，在甘肃省白银市建成并安全运行。该变电站就集成了超导储能系统、超导限流器、超导变压器和三相交流高温超导电缆等多种新型超导电力装置。

合力打造超导电力示范基地

2011年4月19日，由中国科学院电工研究所承担研制的中国首座超导变电站在甘肃白银市正式投入电网运行。这也是世界首座超导变电站，标志着我国在国际上率先实现完整超导变电站系统的运行。这座变电站的运行电压等级为10.5千伏，集成了超导储能系统、超导限流器、超导变压器和三相交流高温超导电缆等多种新型超导电力装置，可大幅改善电网安全性和供电质量，有效降低系统损耗，减少占地面积，在核心、关键技术上获得了近70项完全自主知识产权。

白银超导变电站及其所集成的多种超导电力装置由中国科学院、国家科技部和国家自然科学基金委员会联合资助，得到了甘肃省白银市人民政府的大力支持。

变电站位于白银市国家高新技术产业开发区内，运行电压等级为10.5千伏，集成了1MJ/0.5MVA（1兆焦耳/0.5兆伏安）高温超导储能系统、1.5千安三相高温超导限流器、630千伏A高温超导变压器和75米长1.5千安三相交流高温超导电缆等多种新型超导电力装置，可大幅提高电网供电可靠性和安全性、改善电网供电质量，并有效降低系统损耗、减少占地面积。

1MJ/0.5MVA超导储能系统是目前世界上并网运行的第一套高温超导储能系统，其核心部件高温超导磁体也是目前世界上最大的。该系统存储的是电磁能，能够在短时输出大功率，在解决诸如新能源发电并网暂态稳定性和电能质量综合调控等方面的优越性十分明显。10.5千伏/1.5千安三相高温超导限流器是我国第一台、世界第四台并网运行的高温超导限流器，在原理上具有重大创新。630千伏A/10.5千伏/0.4千伏高温超导变压器是我国第一台、世界第二台并网运行的高温超导变压器，也是目前世界上最大的非晶合金变压器，具有重量轻、体积小、效率高、无火灾隐患以及无环境污染等优点，同时还有一定的限流作用。75米长10.5千伏/1.5千安三相交流高温超导电缆研制时，是世界上最长的三相交流高温超导电缆，采用了分段设计、插接集成的设计和实施方案，为今后长距离高温超导电缆的研究开发奠定了技术基础。

超导技术是中科院面向国家战略需求重点布局和持续支持的高新技术。超导变电站的建成投运，标志着我国在国际上率先实现完整超导变电站系统的运行，是中科院与甘肃省合作的又一高新技术重大成果，对于促进未来以新能源为主导的电网建设具有重要的示范意义。

超导储能系统的应用前景

超导储能系统在进行输（配）电系统的瞬态质量管理、提高瞬态电能质量及电网暂态稳定性和紧急电力事故应变等方面具有不可替代的作用，并将为打造新的电力市场机制提供技术基础，具有广阔的应用前景。其应用场合主要包括：

1. 可用来消除电力系统中的低频振荡，用于稳定系统的频率和电压；

2. 可用于无功率控制和功率因数的调节，以提高输电系统的稳定性和功率传输能力；

3. 由于它可迅速向电网加入或吸收有功功率，具有超导储能装置的系统可看成是灵活交流输电系统；

4. 如果不仅将它看成是一个储能装置，而且将它看成是系统运行和控制时的有功功率源，它将显得更有用和有效，因此可以用作超导能量管理系统；

5. 在AGC系统（充电系统由充电站及自动充电机组成，AGC可以完成在线自动充电）中具有自动发电控制作用，而且局部控制错误可减到最小；

6. 可用于配电系统或大的负载边以减少波动和平衡尖峰负载、控制初次功率和提高瞬态稳定性，并可得到很好的效益；

7. 可用于海岛供电系统，因为海岛与大陆联网的造价高，一般采用燃气轮机独立发电并成网，超导储能装置可用来进行负载调节等；

8. 可用来补偿大型电动机启动、焊机、电弧炉、大锤、轧机等波动负载从而减少电网灯光闪烁现象；

9. 还可用作太阳能和风力田的储能。风力发电将产生脉动的功率输出并将为配电网带来很多问题，而超导储能装置可使风力发电系统的输出平滑而满足配电电网的要求，并为系统提供备用功率和控制频率；

10. 可作为其他分布式电源系统的储能装置；

11. 可用作为重要负载提供高质量电力的不间断电源，并在负荷侧发生短路时限制短路电流。

总之，现代工业的发展对供电的可靠性、电能质量提出了越来越高的要求。例如现代企业中变频调速驱动器、机器人、自动生产线、精密加工工具、可编程控制器、计算机信息系统等设备，对电源的波动和各种干扰十分敏感，任何供电质量的恶化可能会造成产品质量的下降，产生重大损失。随着我国新技术、新设备的不断引进和广泛应用，以及我国电力市场商业化运营的实施和分布式发电技术的发展，对电能质量的控制提出了日益严格的要求，对电能质量敏感的电力用户或需要特殊供电的场合也会越来越多。随着我国电网的不断扩大，也迫切需要解决大电网的稳定性问题，超导储能系统在这方面也将具有重要的应用价值。

超导储能系统

由于电力系统的“电能存取”这一环节非常薄弱，使得电力系统在运行和管理过程中的灵活性和有效性受到极大限制；同时，电能在“发、输、供、用”运行过程中必须在时空两方面都达到“瞬态平衡”，如果出现局部失衡就会引起电能质量问题（闪变），瞬态激烈失衡还会带来灾难性电力事故，并引起电力系统的解列（当发电机和电力系统其他部分之间、系统的一部分和系统其他部分之间失去同步并无法恢复同步时，将它们之间的联系切断，分成相互独立、互不联系的两部分的技术措施）和大面积停电事故。要保障电网安全、经济和可靠运行，就必须在电力系统的关键环节点上建立强有力的电能存取单元（储能系统）对系统给与支撑。基于以上因素，电能存取技术越来越受到各国能源部门和电力部门的重视。

输变电系统主要电气设备

变电站，改变电压的场所。为了把发电厂发出来的电能输送到较远的地方，必须把电压升高，变为高压电，到用户附近再按需要把电压降低，这种升降电压的工作靠变电站来完成。变电站的主要设备是开关和变压器。按规模大小不同，称为变电所、配电室等。

输变电系统是一系列电气设备组成的。发电站发出的强大电能只有通过输变电系统才能输送到电力用户。下面，对输变电系统的主要电气设备及其功能进行简单介绍。

1. 输变电系统的基本电气设备主要有导线、变压器、开关设备、高压绝缘子等。

导线的主要功能就是引导电能实现定向传输。导线按其结构可以分为两大类：一类是结构比较简单不外包绝缘的，称为电线；另一类是外包特殊绝缘层和铠甲的，称为电缆。电线中最简单的是裸导线，裸导线结构简单、使用量最大，在所有输变电设备中，它消耗的有色金属最多。电缆的用量比裸导线少得多，但是因为它具有占用空间小、受外界干扰少、比较可靠等优点，所以也占有特殊地位。电缆不仅可埋在地里，也可浸在水底，因此在一些跨江过海的地方都离不开电缆。电缆的制造比裸导线要复杂得多，这主要是因为要保证它的外皮和导线间的可靠绝缘。输变电系统中采用的电缆称为电力电缆。此外，还有供通信用的通信电缆等。

变压器是利用电磁感应原理对变压器两侧交流电压进行变换的电气设备。为了大幅度地降低电能远距离传输时在输电线路上的电能损耗，发电机发出的电能需要升高电压后再进行远距离传输，而在输电线路的负荷端，输电线路上的高电压只有降低等级后才能便于电力用户使用。电力系统中的电压每改变一次都需要使用变压器。根据升压和降压的不同作用，变压器又分为升压变压器和降压变压器。例如，要把发电站发出的电能送入输变电系统，就需要在发电站安装变压器，该变压器输入端（又称一次侧）的电压和发电机电压相同，变压器输出端（又称二次侧）的电压和该输变电系统的电压相同。这种输出电压比输入电压高的变压器即为升压变压器。当电能送到电力用户后，还需要很多变压器把输变电系统的高电压逐级降到电力用户侧的220V（相电压）或380V（线电压）。这种输出端电压比输入端电压低的变压器即为降压变压器。除了升压变压器和降压变压器外，还有联络变压器、隔离变压器和调压变压器等。例如，几个邻近的电网尽管平时没多少电能交换，但有时还是希望它们之间能够建立起一定的联系，以便在特定的情况下互送电能，相互支援。这种起联络作用的变压器称为联络变压器。此外，两个电压相同的电网也常通过变压器再连接，以减少一个电网的事故对另一个电网的影响，这种变压器称为隔离变压器。

开关设备的主要作用是连接或隔离两个电气系统。高压开关是一种电气机械，其功能就是完成电路的接通和切断，达到电路的转换、控制和保护的目的。高压开关比常用低压开关重要、复杂得多。常见的日用开关才几百克重，而高压开关有的重达几十吨，高达几层楼。这是因为它们之间承受的电压和电流大小很悬殊。按照接通及切断电路的能力，高压开关可分为好几类。最简单的是隔离开关，它只能在线路中基本没有电流时，接通或切断电路。但它有明显的断开间隙，一看就知道线路是否断开，因此凡是要将设备从线路断开进行检修的地方，都要安装隔离开关以保证安全。断路器也是一种开关，它是开关中较为复杂的一种，它既能在正常情况下接通或切断电路，又能在事故下切断和接通电路。除了隔离开关和断路器以外，还有在电流小于或接近正常时切断或接通电路的负荷开关。电流超过一定值时切断电路的熔断器以及为了确保高压电气设备检修时安全接地的接地开关等都属于高压开关。

高压绝缘子是用于支撑或悬挂高电压导体，起对地隔离作用的一种特殊绝缘件。由于电瓷绝缘子的绝缘性能比较稳定，不怕风吹、日晒、雨淋，因此各种高压输变电设备（尤其是户外使用的），广泛采用高压电瓷作为绝缘，如架空导线必须通过绝缘子挂在电线杆上才能保证绝缘，一条长500千米的330千伏输电线路大约需要14万个绝缘子串。高压绝缘子的另一大类是高压套管，当高压导线穿过墙壁或从变压器油箱中引出时，都需要高压套管作为绝缘。除了高压电瓷作为绝缘子外，基于硅橡胶材料的合成绝缘子也获得了广泛应用。

2. 输变电的保护设备主要有互感器、继电保护装置、避雷器等。

互感器的主要功能是将变电站高电压导线对地电压或流过高电压导线的电流按照一定的比例转换为低电压和小电流，从而实现对变电站高电压导线对地电压和流过高电压导线的电流的有效测量。对于大电流、高电压系统，不能直接将电流和电压测量仪器或表计接入系统，这就需要将大电流、高电压按照一定的比例变换为小电流、低电压。通常利用互感器完成这种变换。

继电保护装置是电力系统重要的安全保护系统。它根据互感器以及其他一些测量设备反映的情况，决定需要将电力系统的哪些部分切除和哪些部分投入。虽然继电保护装置很小，只能在低电压下工作，但它却在整个电力系统安全运行中发挥重要作用。

避雷器主要用于保护变电站电气设备免遭雷击损害。变电站主要采用避雷针及避雷器两种防雷措施。避雷针的作用是不使雷电直接击打在电气设备上。避雷器主要安装在变电站输电线路的进出端，当来自输电线路的雷电波的电压超过一定幅值时，它就首先动作，把部分雷电流经避雷器及接地网泄放到大地中，从而起到保护电气设备的作用。

3. 其他电力设备。除了上述设备外，变电站一般还安装有电力电容器和电力电抗器。

电力电容器的主要作用是为电力系统提供无功功率，达到节约电能的目的。主要用来给电力系统提供无功功率的电容器，一般称为移相电容器；而安装在变电站输电线路上以补偿输电线路本身无功功率的电容器称为串联电容器，串联电容器可以减少输电线路上的电压损失和功率损耗，而且由于就地提供无功功率，因此可以提高电力系统运行的稳定性。在远距离输电中利用电容器可明显提高输送容量。

电力电抗器与电力电容器的作用正好相反，它主要是吸收无功功率。对于比较长的高压输电线路，由于输电线路对地电容比较大，输电线路本身具有很大的无功功率，而这种无功功率往往正是引起变电站电压升高的根源。在这种情况下安装电力电抗器来吸收无功功率，不仅可限制电压升高，而且可提高输电能力。电力电抗器还有一个很重要的特性，那就是能抵抗电流的变化，因此它也被用来限制电力系统的短路电流。

什么是超导储能系统

超导储能系统（SMES）是利用超导线圈将电磁能直接储存起来，需要时再将电磁能返回电网或其他负载的一种电力设施，一般由超导线圈、低温容器、制冷装置、变流装置和测控系统部件组成。

超导储能系统可用于调节电力系统峰谷（例如在电网运行处于其低谷时把多余的电能储存起来，而在电网运行处于高峰时，将储存的电能送回电网），也可用于降低甚至消除电网的低频功率振荡从而改善电网的电压和频率特性，同时还可用于无功和功率因素的调节以改善电力系统的稳定性。超导储能系统具有一系列其他储能技术无法比拟的优越性：

1. 超导储能系统可长期无损耗地储存能量，其转换效率超过90%；

2. 超导储能系统可通过采用电力电子器件的变流技术实现与电网的连接，响应速度快（毫秒级）；

3. 由于其储能量与功率调制系统的容量可独立地在大范围内选取，因此可将超导储能系统建成所需的大功率和大能量系统；

4. 超导储能系统除了真空和制冷系统外，没有转动部分，使用寿命长；

5. 超导储能系统在建造时不受地点限制，维护简单、污染小。

目前，超导储能系统的研究开发已经成为国际上在超导电力技术研究开发方面的一个竞相研究的热点，一些主要发达国家（美国、日本、德国等）在超导储能系统的研究开发方面投入了大量的人力和物力，推动着超导储能系统的实用化进程和产业化步伐。

1MJ高温超导储能系统简介

中国科学院电工研究所目前已经完成了1.0MJ（兆焦，即10的六次方焦耳）超导储能系统的全部研制工作，完成了在北京市门头沟供电公司石龙开闭所开展的并网运行前的最后测试工作，测试结果表明，超导储能系统已经具备了并入10.5千伏配电网进行载荷试验运行的条件。

1. 在超导储能系统的研制过程中，采用快速充放电高温超导磁体，是目前世界上最大的高温超导磁体之一；

2. 用于维持超导磁体低温环境的低漏热低温杜瓦，将与外部的热交换降至最低；

3. 温度从临界温度下降至绝对零度时，氦始终保持为液态，不会凝固。液态氦在温度下降至2.18K（热力学温度被作为基本温度，符号是T，单位是开尔文，简写为开，以K表示，热力学温标的零点叫绝对零度，相当于–273℃）时，性质发生突变，成为一种超流体，能沿容器壁向上流动，热传导性为铜的800倍，并变成超导体。而超导储能系统用低温制冷系统，可以实现系统运行时的零液氦挥发；

4. 电力电子系统采用新型拓扑结构设计（拓扑是将各种物体的位置表示成抽象位置。在网络中，拓扑形象地描述了网络的安排和配置，包括各种结点和结点的相互关系。拓扑不关心事物的细节也不在乎什么相互的比例关系，只将讨论范围内的事物之间的相互关系表示出来，将这些事物之间的关系通过图表示出来），确保系统高效、安全、可靠，易于维护和实现规模化生产；

5. 超导储能系统采用多重化级联式模块化结构，是电力电子技术的一大突破和推进；

6. 超导限流器能在电网短路时，限制短路电流，保护电网。与其他限制短路电流的方式相比，超导限流器具有不改动原有设计和设备，运行能耗大幅降低等优点。据测算，与500千伏空心电抗器对比，超导限流器年节省电费200万元，节省原有设备改造投入500万以上。估计超导限流器的市场应用将至少超过600亿元；

7. 高温超导电缆也是超导技术在电力领域应用的一个重要方面。它采用无阻和高电流密度的高温超导材料作为载流导体，具有载流能力大、损耗低和体积小的优点，相同截面积的超导电缆的传输容量将比常规电缆高3~5倍，而电缆本体的焦耳热损耗非常小。虽然在交流运行状态下，它也存在一定的损耗，但超导电缆只要超过一定长度后，即使考虑到低温冷却和终端所需的电能消耗，其输电损耗也将比常规电缆降低50%~70%。

超导储能系统取得了多项自主知识产权，其技术成果的应用将为提高我国电能质量并改善大电网的动态稳定性发挥重要作用。

“蛟龙”潜海

大深度载人深潜技术

中国是继美、法、俄、日之后，世界上第五个掌握大深度载人深潜技术的国家。在全球载人潜水器中，“蛟龙号”属于第一梯队。目前全世界投入使用的各类载人潜水器约90艘，其中下潜深度超过1000米的仅有12艘，更深的潜水器数量更少，目前拥有6000米以上深度载人潜水器的国家包括中国、美国、日本、法国和俄罗斯。除中国外，其他四国的作业型载人潜水器最大工作深度为日本深潜器的6527米，“蛟龙号”载人潜水器在西太平洋的马里亚纳海沟海试时成功到达7062米海底，创造了作业类载人潜水器新的世界纪录。

连续刷新“中国深度”新纪录

为推动我国深海运载技术发展，为我国大洋国际海底资源调查和科学研究提供重要的高技术装备，“蛟龙号”深海载人潜水器2002年被列为国家高技术研究发展计划（863计划）重大专项，并启动研制工作。经过约100家科研机构和企业6年的努力，载人潜水器本体研制、水面支持系统研制和试验母船改造、潜航员选拔和培训等工作全部完成，具备了开展海上试验的技术条件。2009年8月开始，“蛟龙号”载人深潜器1000米级和3000米级海试工作相继开展。

2012年5月3日，“向阳红09”船自江阴起航奔赴太平洋马里亚纳海沟执行“蛟龙号”载人潜水器7000米级海试任务。期间，“蛟龙号”共完成6次下潜试验，连续刷新“中国深度”新纪录；其中3次超越7000米，最大下潜深度达到7062米；对潜水器289项、水面支持系统24项功能和性能指标进行了逐一验证，开展了坐底、定深定高航行、近底巡航和海底微地形地貌精细测算作业内容，取得了地质、生物、沉积物样品和水样，并记录了大量珍贵的海底影像资料。

下潜至7000米，标志着我国具备了载人到达全球99%以上海洋深处进行作业的能力，标志着“蛟龙”载人潜水器集成技术的成熟，标志着我国深海潜水器成为海洋科学考察的前沿与制高点之一，标志着中国海底载人科学研究和资源勘探能力达到国际领先水平。

地地道道“中国龙”

“蛟龙号”是中国第一台自行设计、自主集成研制的深海载人潜水器。“蛟龙号”从方案设计、初步设计到详细设计，全部由中国工程技术人员自主完成。其关键核心技术，如耐压结构、生命保障、远程水声通信、系统控制等，都是中国人自己突破的。总装联调和海上试验也是由中国独立完成。

“蛟龙号”的总设计师徐芑南介绍说，已经没有任何关键的进口部件或设备会影响到中国“蛟龙号”载人潜水器今后的应用。从部件数量比例而言，“蛟龙号”目前的国产化率已达到58.6%。这意味着，中国的载人潜水器将不再“受制于人”，“蛟龙号”是一条地地道道的“中国龙”。

“蛟龙号”载人深潜器具有针对作业目标稳定的悬停定位能力，具有先进的水声通信和海底微地形地貌探测能力，可以高速传输图像和语音，探测海底的小目标。“蛟龙号”上还配备多种高性能作业工具，确保它在特殊的海洋环境或海底地质条件下完成保真取样和潜钻取芯等复杂任务。

未来“蛟龙号”的使命包括运载科学家和工程技术人员进入深海，在海山、洋脊、盆地和热液喷口等复杂海底有效执行各种海洋科学考察任务，开展深海探矿、海底高精度地形测量、可疑物探测和捕获等工作，并可以执行水下设备定点布放、海底电缆和管道的检测以及其他深海探询及打捞等各种复杂作业。

“蛟龙”入海的实际意义

“蛟龙号”长8.2米，宽3米，高3.3米，排水量23吨，水下工作时间12个小时。整个潜水器在海底投入高速水声进行联系，位置是由超短定位声呐来确定的。“蛟龙号”要下潜至7000米海底，相当于从2300多层楼的顶层下潜到底层，水下温度低，还要承受700吨的水压。有3人在潜艇里开展工作，它可以到达全球99%以上的海底进行科考。

而“蛟龙”潜海的实际意义有哪些呢？海洋占地球表面积的71%，除沿海国家所拥有的领海、200海里的专属经济区及有海底资源占有权的海域外，还有49%的海域不属于任何国家，是属于联合国国际海底管理局管辖的，这个49%的海域深度都超过1千米。怎么管辖呢？要开采首先要向联合国国际海底管理局申请，批准后才能去开采。之前，要做大量深海调查工作，在什么区域有什么矿产资源？怎么开采？对周围的环境、对海底的生态有何影响？要有一个全面的评估报告呈交给国际海底管理局，然后由他们去讨论，获得同意和批准，才签订合同，这个合同并不是把海底的土地给开采者，而是给予开采者海底资源的优先调查权，这些资源非常丰富，但却是人类在地球上最后一点财富了，而“蛟龙号”就是为这个服务的。

目前我国已经拿到了两块在国际海底管理局的资源调查合同，一块在东太平洋夏威夷群岛南边一块，占地7.5万平方千米。这里富含锰集合，是陆地含量的几十倍到几千倍。第二块是在西南印度洋的硫化物矿区，占地1万平方千米。

从此，中国的“蛟龙”将走向更加广阔的海域，中国获得的专属勘察权合同也会越来越多。

深潜传奇——徐芑南

徐芑南，我国深潜技术的开拓者和著名专家之一。浙江镇海人，1936年3月生，1958年毕业于上海交通大学造船系，毕业后投身潜艇的结构研究和海洋装备事业，先后担任了4项潜水器的总设计师。2002年，担任我国第一台自行设计、自主集成研制的7000米载人潜水器“蛟龙号”的总设计师。获2009年度全国海洋人物称号，2010年度科学中国人年度人物。

与潜艇结下不解之缘

1953年，新中国成立不久，百废待兴。造汽车、造飞机、造轮船，是很多年轻学子的理想。17岁的徐芑南在上海南洋模范中学毕业后，他的理想是为保卫祖国的海疆学造船，通过努力，他如愿考入了上海交通大学造船系。

4年半的大学生活，他打下了扎实的理论功底。毕业后，他被分配到了702所（中国船舶科学研究中心），从此与潜艇结下了不解之缘。

在研究所，他做的第一件事就是水滴型核动力模型水动力试验。总设计师是他的大学校友、中国核潜艇之父黄旭华。徐芑南学的是船舶设计，对潜艇的了解非常有限，于是他边找材料、边学习、边做试验，最终在前辈的帮助下完成了任务。

在接触船舶的过程中，徐芑南意识到，年轻人光有勇气还不够，更重要的是底气，这个底气就是来自于对知识的积累，于是，他就主动请缨，最终被所里批准去青岛潜艇基地当了一名“舰务兵”。在当兵的1个月时间里，他把潜艇的原理、各个舱段的分布与仪器安装使用等情况都摸得一清二楚，然后又要求去潜艇的修理厂实习。

短短3个月，他对潜艇知识的了解有一个质的飞跃，从此，徐芑南梦想着能够造出世界上最先进的载人潜水器，为我国海洋科考开辟更广阔的领域。

未了却的心愿

当年轻的徐芑南刚开始建立起对潜艇的认识并准备大干一场时，美国、苏联等国家已经开始向大洋深处进发，载人深潜技术突飞猛进。1964年，美国的“阿尔文”号已经能够下潜到2000米以上。

年轻的徐芑南心急如焚，他在工作之余找了很多书籍来看，想从中寻找灵感。不久，“文化大革命”开始了，当有些人在热衷闹革命时，徐芑南还在促生产。人手少忙不过来，很多时候，他都是一个人完成几个人的任务。

从行车指挥、设备安装、实验测试，到写分析报告，他一个人全包了，慢慢就成了个“多面手”。

20世纪八九十年代，他作为总设计师，创造性地为我国自行研制出多种型号的无人深海潜水器和水下机器人。那时，因国内种种条件所限，他参与的工作都是带缆的、无缆的大深度无人潜水器及几百米载人潜水器，就是少了大深度载人潜水器。随着陆地上资源被不断开采，人们把目光转向大洋——这个地球上最后尚未开垦资源地，与其相关的科研发展的速度在进一步加快。到20世纪80年代末期，美、法、俄、日先后研制出6000米至6500米级的深海载人潜水器。

几十年过去了，作为我国深潜领域的开拓者，他虽然在潜艇领域已取得了很大的成就，但他毕生的心愿是能造出大深度载人潜水器，为中国成为这一领域领先者出一份力。但退休的年龄到了，徐芑南带着未完的心愿离开了单位。1998年，他与老伴一起远赴美国，与儿子、孙子同住，准备安度晚年。2002年，我国7000米载人潜水器被正式立项。

完成大深度载人潜水器心愿

66岁的徐芑南在美国过着安逸的生活，与家人享受着天伦之乐。一天晚上，他接到所长的越洋长途电话，和他谈了7000米载人潜水器正式立项的事情，并希望他能够再次挑起总设计师重任。

反复思量后，徐芑南还是决定回国完成他几十年来都想完成的一个心愿，于是，华东理工大学毕业的老伴和他一起回国参加了课题组，既当助手又可照顾他的身体。

按国家863重大专项的要求，总设计师年龄不应超过55岁，科技部特地为66岁的徐芑南破此先例。

此前我国的载人潜水器最大下潜深度只有600米。载人深潜，从600米到7000米，要攻克的重重技术难关可想而知。

徐芑南接受任务后就全身心投入进去了，10年中，徐芑南靠着信念和毅力一步一步走来，他要看资料就用放大镜，或让老伴念给他听，他的右眼视网膜已经脱落，左眼视力也不好，要走得特别近，他才能看清来者是谁，和熟悉的人打招呼全靠辨认轮廓。

2009年，“蛟龙号”第一次海试，徐芑南坚持和大家一同上“向阳红9号工作母船”。第一次海试刚结束，在舱室内他心脏病突发，同行的人十分紧张，他反而安慰大家：“没关系，服了药，平躺一会吸会氧就行了。”

这么大的工程要涉及的面是非常广的，10年中，在海洋局的组织实施下，课题组会同中科院生技所一起组织了全国将近百个科研院所、工程企业。经过一年又一年的努力，攻克了一系列的深海装备空白瓶颈技术。到2012年6月15日至6月30日连续15天时间里，成功完成了最终的目标6000米所有试验。3次突破了7000米，这3次的突破创造了世界上同类型载人潜水器最大工作深度的记录。此前国际上最大的下潜深度是6500米。成功后，徐芑南非常兴奋，那一刻，他等了一生，年轻时的心愿终于在76岁时圆满完成了！

你所不知道的“蛟龙”

“蛟龙号”载人潜水器创造了世界同类潜水器的最大下潜深度。如果你看了新闻图片，会发现，“蛟龙号”是被母船的缆绳吊着放入水中的，那这次下潜需要配备7000余米的缆绳吗？母船是否可以通过视频观察潜航员的一举一动呢？潜航员又是否与宇航员一样会经历失重呢？面对如此多的疑问和好奇，国家海洋局北海分局潜航员管理办公室主任吉国给出了深潜的有关答案。

海下负重生存

今天人类已能通过海底探险来增加对海洋的更多了解。在海洋中，随着深度的增加，海水的压力将逐渐增大。水深每增加10米，压力就增加1个大气压。因此，假如在马里亚纳沟7000米的深处，海水的压力将达到700多个大气压。

我国自主研制的“蛟龙号”正是成功经受住了7000米级海试，创造了世界同类潜水器的最大下潜深度新纪录。但是，你也许会问，700多个大气压有多大呢？例如，人们在7000多米的水下看到的小鱼来说，实际上它要承受700多个大气压力。这就是说，这条小鱼身上每一块我们人手指甲那么大小面积的皮肤上，时时刻刻都在承受着700千克的压力。这个压力，可以把钢制的坦克压扁。

其实，美国的“的里雅斯特”号潜水器曾经下潜到马里亚纳海沟的底部，潜水器的外壳成功地经受住了1100个大气压的考验，也就是说，在人指甲盖大小的面积上承受了1000千克以上的压力。经过周密的计算，科学家认为：在那里，潜水器承受了15万吨的压力，这相当于两个半航空母舰的重量。不过，还不算成功，因为直径218厘米、壁厚87毫米的钢制潜水器，竟然被海水的压力压缩了2个毫米，并导致油漆从潜水器上脱落。

人类水下生活

人们的最高理想是海底居住、生活。现在的人工岛、海上城市，仍然只是与海水隔绝的生活、居住空间。而海底生活、居住则要求人与海洋真正融为一体。那么，人类要实现海底居住、生活要克服怎样的困境呢？

其实，人类海底居住的许多问题与航天有相同之处。这些问题包括呼吸问题、压力问题、失重问题。为了人类海底居住，科学家们一直没有停止过研究和试验。早年，法国的杰克·库斯托和美国的乔治·邦德做过成功的试验。

1963年，库斯特等7人进入一个名为“海星屋”的水下居室。他们在10~30米水深的海底生活了30天，靠海面支援船供应的氦氧混合气体呼吸。“海星屋”外系留着一艘小型潜艇，供屋内人员外出工作。库斯托等人非常满意他们的水下生活，以至失去了重返海面的兴趣。不过，他们在氦氧空气中生活也遇到了困难。由于氦氧混合气体传播声音的性能与正常空气不同，他们互相讲话时，听起来很混杂，就像一群鹅在吵架。

为什么不使用正常空气呢？原来，正常空气由大约4/5的氮气和1/5的氧气组成。在水下高压中空气溶入人体组织和血液中的数量增大，与密封加压的汽水瓶中溶解有较多的气体道理相同。即使空气在海底高压下溶入人体达到饱和状态，人体并无不适，且可长期生活、工作。这一事实说明人类可以在高压的水下生活。

但是，当潜水员上浮减少水深和压力时，必须非常缓慢地进行，否则溶入人体组织和血液中的空气不能顺利排出，人就会得致命的“减压病”。特别是空气中的氮气，对人体组织有麻醉作用，危害极大。为此，人们想到使用惰性气体氦或氖代替氮气，与氧气混合供海底人员呼吸。同时，在岸上或支援船上有“减压室”，潜水员出水后，进入减压室缓慢减压，使溶入人体内的空气排出，重新适应地面生活。

水下的各种实验室为人类提供了海底行动的基地。通过它们，可进行海洋生物、海洋地质、海洋水文、物理、化学等方面的现场观测，也可通过它们勘探海底石油、天然气，建造水下工程设施，以及进行水下反潜警戒监测等。

“蛟龙”深潜秘密

一、无动力自主下沉与上浮

我们从新闻图片中看到，“蛟龙号”是被母船的缆绳吊着放入水中的，不过，并不像我们所想的，是配备了7000余米长的缆绳。

其实，“蛟龙号”是无动力自主下沉与上浮，当它入水后，“蛙人”乘坐橡皮艇就将缆绳解开，“蛟龙号”便完全自主、独立运行。

在下潜实验前，现场工作人员都要测海底作业区的海水密度，确定“蛟龙号”需要搭载多少重量的压载铁。由于有压载铁，潜器为负浮力，进入海水中后开始下沉。当到一定深度，潜器根据作业需要抛掉部分压载铁，以使潜器的比重最大程度接近海水密度，减少螺旋桨的工作压力。

“蛟龙号”坐底后，潜航员操作潜器进行标志物布防、沉积物采样和海底微型地貌勘测等。在完成所有作业后，潜航员操作再次抛掉压载铁，潜器变为正浮力，开始上升。压载铁放在潜器两侧的位置，每次下潜试验前才根据需要安装压载铁。

二、“蛟龙号”无法实时传回视频图像

我们知道，“神舟九号”宇航员在太空工作、生活的视频图像可以实时传回陆地，但“蛟龙号”与载人飞船不同，它不能实时向母船传回生命舱内

或外部摄像头拍摄到的视频图像。

“蛟龙号”下潜作业过程中与母船依靠水声通信机来传输信息，但水声的特性决定了声学通信机传输信息的速率慢、容量低，只能保证语音、文字、数据和图片的传输，但达不到视频实时传输的要求。

声音在水中大约是以1500米/秒的速度传播，但是随着深度的增加传播速度会逐渐降低。随着深度的继续增加，声音的传播速度出现一个拐点之后，即深度越深，声音传播速度又逐渐提高。因此，下潜试验前，都要根据海水盐度等要素的观测数据测算这个拐点的深度，将水声通信机放在拐点深度以下，保证通信质量。

通过水声通信机，母船与潜器之间可以语音通话，潜器的各种信息可以传输回母船，如深度、电池容量、舱内氧气和温度等，但由于声传输的速度较慢，会出现时间差。

三、潜航员不需要穿“宇航服”

潜航员出舱时所穿的衣服与宇航员极为相似，那他们在下潜过程中是否也要穿“宇航服”？他们在舱内是否也会失重？

“蛟龙号”每下潜10米所承受的压力就增加一个大气压，但是潜器生命舱内基本是恒温、恒压的，而且有氧气供给。因此，潜航员不需要穿“宇航服”，他们在下潜过程中也不会经历失重。

只是在刚入水准备阶段，海面上温度是比较高的，舱内温度也相对较高，这时潜航员相对会比较难受。潜器在下潜过程中，环境温度会逐渐降低，舱内的温度也会开始降低，所以潜航员在下潜时需要有一些防寒措施，穿着较厚的衣服下潜。

此外，7000米级海试每次试验都长达10多个小时，但他们的注意力要高度集中，而且潜器内解手不便，因此他们都很少吃东西和喝水，只吃一点苹果或巧克力而已。

致谢

在本系列书编写过程中，为使内容权威、数据精准，我们参考和引用了大量文献资料，现特将参考文献列下：

1.金勇进主编：《数字中国60年》，人民出版社2009年版。

2.《新中国60年重大科技成就巡礼》编写组：《新中国60年重大科技成就巡礼》，人民出版社2009年版。

3.陈煜编：《中国生活记忆——建国60年民生往事》，中国轻工业出版社2009年版。

4.崔常发、谢适汀编：《纪念新中国成立60年学习纲要》，国家行政学院出版社2009年版。

5.王月清著：《伟大的复兴之路——新中国60周年知识问答》，南京大学出版社2009年版。

6.《青少年爱国主义教育读本》编委会：《新中国60年简明大事典——科技与教育》，中国时代经济出版社2009年版。

7.张希贤、凌海金编著：《中国走过60年》，中共中央党校出版社2009年版。

8.周叔莲：《中国工业改革30年的回顾与思考》，《中国流通经济》2008年第10期。

9.张文尝、王姣娥：《改革开放以来中国交通运输布局的重大变化》，《经济地理》2008年第9期。

10.国家统计局：《改革开放30年报告之十三：邮电通信业在不断拓展中快速发展》。

除此之外，本系列书还参考和引用了《中国科学技术发展报告》《中国农业统计资料汇编》《中国统计年鉴》，以及新华网、中国科技网和《光明日报》《科技日报》《北京日报》《人民邮电报》等网站和媒体的相关数据、资料和报道，在此特向以上媒体和网站表示感谢。